어휘로 기초 잡는

초등수학
문해력
비법 1학년

김미환·김수미·송정화·임영빈·강미선 지음

하우매쓰

어휘로 기초 잡는
초등수학 문해력 비법 1학년

1판 1쇄 인쇄 2022년 12월 10일
1판 1쇄 발행 2022년 12월 22일

지은이 김미환, 김수미, 송정화, 임영빈, 강미선
발행인 강미선
발행처 하우매쓰 앤 컴퍼니
편집 이상희 | **디자인** 남상원 | **일러스트** 조아영
등록 2017년 3월 16일(제2017-000034호)
주소 서울시 영등포구 문래북로 116 트리플렉스 B211호
대표전화 (02)2677-0712 | **팩스** 050-4133-7255
전자우편 upmmt@naver.com
ISBN 979-11-967467-0-4(63410)

차 례

왜 《어휘로 기초 잡는 초등수학 문해력 비법》인가?

수학 문해력 첫걸음은 **어휘** 파악이다

수학에서 가장 중요한 학습은 개념 학습입니다. 수학 개념은 어휘로 서술되어 있으므로 '수학 어휘=수학 개념'이라고 볼 수 있습니다. 기초가 중요한 수학 과목에서 어휘는 수학 개념의 기초를 쌓는 시작점입니다. 수학 어휘를 잘 알면 개념이 잡힙니다. 이를 바탕으로 다양한 수학 문제를 해결하는 능력이 바로 수학 문해력입니다. 한마디로 어휘로 기초를 꽉 잡으면 수학 문해력이 잡힌다는 뜻입니다.

수학 어휘력이 단단하면 **문장제**를 잘 읽는다

문장으로 된 문제는 연산 문제와 달리 한글로 서술되어 있습니다. 풀이 과정도 긴 편입니다. 수학 어휘를 모르면 중간에 멈추거나, 문제를 읽는 데 시간이 아주 오래 걸리기도 하고, 수학 문제 읽는 것 자체를 꺼리는 마음이 생기기도 합니다.

초등학생을 대상으로 한 연구에 따르면, 분수와 관련된 '기준량'과 '전체량'의 뜻을 몰라서 문제에 손을 못 대는 초등학생들이 많았다고 합니다. 설탕물 문제를 풀 때는 식을 쓰면서 설탕의 '양'이 들어가야 할 자리에 설탕의 '농도'를 넣는 바람에 틀리는 학생들이 있다고 합니다. 수학 어휘를 정확히 몰라서 벌어지는 일들입니다.

수학 어휘력이 탄탄하면 문장으로 제시된 문제를 바르게 이해할 수 있고, 서술형 답안을 작성할 때에는 정확하고 익숙하게 답안을 쓸 수 있습니다.

수학 어휘력이 단단하면 **자신감**이 생긴다

학년이 올라갈 때마다 새로운 어휘가 등장합니다.

새롭게 만나게 되는 수학 어휘들을 보며 설렘을 느끼는 학생도 있겠지만, 막막하고 두려운 기분을 느끼는 학생이 더 많습니다. 낯선 세계에 들어갈 때 걸려 넘어지게 하는 문턱처럼 보이거나 높은 장벽으로 보이기 때문입니다.

　　수학 어휘를 잘 알고 있다는 확신이 없으면, 질문에 우물우물 대답하거나 답안을 서술할 때 썼다 지웠다를 반복하게 됩니다. 수학 문제를 푸는 과정에서 학생들이 자주 범하는 오류 중에 언어 사용이 미숙해서 저지르는 오류, 수학 어휘를 정확히 모르고 사용해서 범하는 오류, 한자어로 된 어휘의 뜻을 몰라서 범하는 오류들은 수학 어휘력과 관련이 있습니다. 새로운 수학 어휘들과 친해지고 익숙하게 잘 사용하는 것이야말로 수학에 자신감을 갖고 오류를 줄이는 첫걸음입니다.

수학 어휘력이 단단하면 **논리적 사고**를 할 수 있다

　　어휘는 개념이고, 개념을 잘 알아야 논리적 사고를 할 수 있습니다. 도형 그림을 보면 평행사변형과 사다리꼴을 척척 골라내지만, 그 뜻을 써 보라고 하면 "그냥 그렇게 생겨서."라거나, '삼각형과 사각형이 왜 다른가'라는 서술형 문제에 "그냥 딱 봤을 때 다르니까."라는 식으로 쓴다면 논리적 사고를 하고 있다고 보기 어렵습니다.

　　수학 어휘를 잘 알고 있고, 스스로 그렇다고 생각하는 학생은 삼각형과 사각형의 정의에 따라 또박또박 대답할 수 있습니다. 자기 확신이 없으면 글씨에도 자신감이 없습니다. 글씨에 힘이 없고, 잘 알아보지 못하게 작고 희미하게 꼬불꼬불 쓰는 습관이 생길 수도 있습니다.

　　《어휘로 기초 잡는 초등수학 문해력 비법》시리즈의 목적은 각 학년에서 배우는 수학 어휘들을 확실하고 정확하게 익히는 것입니다. 이 시리즈에서 제시한 4단계를 따라가다 보면 수학 어휘를 꽉 잡을 수 있고 문해력의 기초를 잘 다질 수 있습니다.

《어휘로 기초 잡는 초등수학 문해력 비법》 시리즈의 특징

1. 국어 공부하듯 수학 공부하기

수학은 언어입니다. 따라서 수학 어휘도 국어 공부하듯이 공부하면 됩니다.

이 시리즈에서는 특히 초등학생들이 재밌어하는 방식을 수학 어휘 학습에 새롭게 적용했습니다. 마치 한글 공부하듯 쓰기가 제시되어 있어서 수학에 두려움이 막 싹트려는 학생이라도 '앗, 수학도 국어랑 똑같네.' 하고 수학에 대해 친근한 마음이 생길 것입니다.

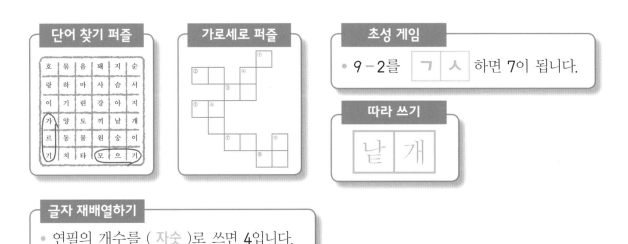

단어 찾기 퍼즐

호	묶	음	떼	지	순
랑	하	마	사	슴	서
이	기	린	강	아	지
가	양	토	끼	낱	개
르	동	물	원	숭	이
기	치	타	모	으	기

가로세로 퍼즐

초성 게임

• 9 - 2를 ㄱ ㅅ 하면 7이 됩니다.

따라 쓰기

낱 개

글자 재배열하기

• 연필의 개수를 (자숫)로 쓰면 4입니다.

2. 필수 어휘 정복하기

이 시리즈에 들어 있는 어휘들은 수학 학습을 잘하기 위해 꼭 알아야 하고 익숙하게 술술 사용할 줄 알아야 할 '필수' 어휘들입니다. 교과서에 제시된 수학 어휘뿐만 아니라 수학 시간에 자주 사용하는 어휘들도 있습니다. 이 시리즈에 제시된 모든 수학 어휘들을 착실하게 익힌다면, 수학 문해력이 쑥쑥 성장할 것입니다.

3. **틀리기 쉬운 어휘** 선별해서 집중적으로 반복하기

쉬운 어휘는 한두 번만 읽고 써 보면 되지만, 입에 잘 붙지 않는 어려운 어휘는 여러 번 반복해서 학습해야 합니다. 이 시리즈의 공저자들은 수학교육학 전문가의 안목으로 본문에 자주 등장해야 할 어휘와 그렇지 않아도 될 어휘들을 신중하게 선별했습니다. 그리고 그런 어휘들을 자연스럽게 반복학습하도록 곳곳에 여러 번 등장시켰습니다. 이렇듯 전문가의 섬세한 교수학적 안목이 들어 있습니다.

4. **재미있게** 익혀서 자신감 키우기

이 시리즈는 게임과 퍼즐이라는 방식으로 수학 어휘를 익히도록 안내합니다. 같은 문제라도 내가 얼마나 알고 있는지를 평가받는 마음으로 그 문제를 풀 때와 '더 알고 싶다'는 마음으로 문제를 풀 때 학습자가 느끼는 기분은 전혀 다릅니다. 호기심을 가지고 즐거운 마음으로 풀 때 교육적 효과가 훨씬 큽니다. 수학에 대한 자신감과 가장 관련이 있는 것이 바로 수학에 대한 흥미입니다. 재미있게 공부하면 자신감이 높아집니다.

5. **정확하게** 익혀서 문해력 키우기

이 시리즈의 목적은 수학 어휘를 바르고 정확히 사용하는 것입니다. 예를 들어 '직사각형'이라는 어휘를 "사각형직"이라거나 "사직각형"이라는 학생들도 있습니다. 그렇다면 애초부터 반듯한 어휘를 제시하지 말고, 한번 생각해 보게 하는 것은 어떨까요? 처음부터 올바른 어휘를 제시해서 곧바로 익히게 하는 것보다는 뒤죽박죽된 글자들을 다시 배열하면서 그 어휘에 대해 생각해 보게 하는 것이 교육적으로 더 효과적입니다. 이 책에는 이러한 비법들이 곳곳에 들어 있습니다.

《어휘로 기초 잡는 초등수학 문해력 비법(1학년)》의 특징

1. **자연스럽게** 수학 어휘 익히기

수학 어휘를 체계적으로 익힐 수 있도록 다음과 같은 4단계로 구성했습니다.

1단계	2단계	3단계	4단계
수학 어휘와 친해지자	수학 어휘를 만들어 보자	수학 어휘에 익숙해지자	가로세로 퍼즐로 수학 어휘 꽉 잡자

1단계에서는 다른 과목에서 배우는 단어들과 일상에서 사용하는 어휘들 사이에서 수학 어휘를 골라내는 활동을 합니다. 아직 뜻은 몰라도 됩니다. 처음 만날 때는 '이게 수학 어휘구나.' '이렇게 생겼구나.' 하는 것만으로도 충분합니다.

2단계에서는 뒤죽박죽된 글자를 바르게 배열하면서 좀 더 수학 어휘에 다가갑니다.

3단계는 수학 어휘의 정확한 뜻을 익히는 과정이고,

4단계는 앞에서 익힌 어휘들을 확인하는 과정입니다.

2. **한글 공부하듯** 수학 어휘 익히기

한글을 완전히 깨치지 않고 초등학교에 입학하는 학생들이 늘고 있습니다. 입학 초기에 한글을 익히는 것과 동시에 수학을 배우기 시작하는데, 1학년 수학 교과에서 사용하는 어휘들의 수준이 1학년 국어 교과에서 사용하는 수준보다 대체로 높습니다. 이 책에서는 수학 어휘 때문에 첫 시작부터 수학에 대한 흥미를 잃는 학생들이 없도록, 한글 공부하듯 한 자 한 자 수학 어휘를 찬찬히 익히도록 했습니다.

3. **우리말 명수법** 확실히 익히기

우리말로 수를 읽는 법을 확실히 익힐 수 있는 시기는 바로 지금 1학년 때뿐입니다. 예를 들어 50은 '오십'이라고 읽는 것은 한자어 명수법이고, '쉰'이라고 읽는 것은 우리말 명수법입니다. 1학년 학생들은 한자어보다 우리말을 더 어렵게 느끼기 때문에

이 책에서는 여러 번 강조해서 충분히 연습할 수 있도록 했습니다.

4. **또박또박 따라 쓰게** 하기

　쓰기를 싫어하고 제대로 잘 쓰지 못하는 학생들이 늘어나고 있습니다. 이 책에서는 국어 시간에 또박또박 글쓰기를 배우듯이 수학 어휘를 쓸 때도 바르게 또박또박 쓸 수 있도록 따라 쓰기를 할 때 칸을 제공했습니다. 글쓰기는 처음이 중요합니다. 1학년 학생들이 수학 어휘를 제대로 쓰게 하는 길라잡이가 되기를 바랍니다.

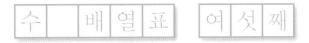

5. **섬세하게** 가르치기

　1학년 때부터 문제를 꼼꼼히 읽는 태도를 몸에 익히는 것이 중요합니다. 기초 수학 진단 평가 결과를 분석한 연구에 따르면 "글로 제시된 수를 숫자로 나타내는 것보다 숫자로 나타낸 수를 읽는 문항의 정답률이 낮았다."고 합니다. 이 책에는 이를 극복하기 위해 3단계 짝 짓기 코너에서 Ⓐ와 같이 글로 제시하는 것과 숫자로 제시하는 것을 번갈아 배치했습니다. Ⓑ와 같이 2개와 짝이 되는 경우도 넣었습니다.

 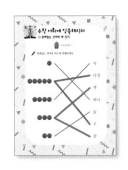

Ⓐ 숫자와 글을 번갈아 제시하기　　　　Ⓑ 짝이 2개인 것도 제시하기

학부모님과 선생님께

    이 책은 어떤 학생이 수학 어휘를 얼마나 알고 있나를 평가하는 책이 아닙니다. 수학 어휘와 기호의 뜻을 정확히 익히도록 이끌어 가는 책입니다. 이 책으로 학생이나 자녀를 지도하는 분께서는 다음 안내를 참고해서 사용해 주시기 바랍니다.

1. 새 학년 대비 예습을 할 때 첫 책으로 사용해 주세요

    수학 어휘를 익히는 것은 개념 학습의 시작입니다.

    이 책은 개념 학습을 잘 시작하도록 안내하고 있고, 1년 과정이 한 권 안에 다 들어 있습니다. 따라서 새 학년 예습을 할 때 가장 먼저 이 교재를 사용해 보세요.

    그러면 준비가 잘 된 상태에서 각 단원 학습에 들어갈 수 있을 것입니다.

2. 어휘가 중요하다고 너무 강조하지는 말아 주세요

    수학 어휘가 중요하다는 것을 어른은 경험을 통해 잘 알고 있습니다. 하지만 어린 학생은 그 중요성을 아직 모릅니다. "어휘가 얼마나 중요한지 아니?"라는 말은 와닿지 않을 뿐만 아니라, 오히려 겁을 먹게 할 수 있습니다. 1학년 학생에게 너무 직접적으로 강조하지는 마시고, 곁에서 지켜봐 주세요.

3. 어휘를 빨리 외우게 하려고 하지 마세요

    "어떻게 하면 우리 아이가 수학 어휘를 잘 외울 수 있을까요?" 하는 분들이 있습니다. 어휘는 억지로 외우려고 해도 외워지지 않지만 재미있게 공부하면 저절로 외워집니다. 초등학생들에게 《어휘로 기초 잡는 초등수학 문해력 비법》을 권하는 이유가 바로 이것입니다.

4. 아이의 속도대로 풀게 해 주세요

"하루에 얼마나 풀면 될까요?" 하고 질문하는 분들이 있습니다. 어떤 학생은 이 책을 하루에 다 풀 수 있고, 어떤 학생은 조금씩 1년 내내 풀 수도 있습니다. 하루에 2~3장씩 시간 날 때마다 풀어도 좋습니다. 천천히 배우는 학생들은 어휘를 익히는 데 시간이 걸릴 수 있으니 너무 초조해하지 마시기 바랍니다. 아이가 자신의 속도대로 풀 수 있도록 여유를 주세요.

5. 수학 어휘 사전을 꼼꼼히 읽어 보세요

이 책에는 〈부록〉으로 학부모와 교사를 위한 수학 어휘 해설이 들어 있습니다. 책 속에서 다룬 수학 어휘 전체의 교과서 정의가 설명되어 있고, 특히 학교와 가정에서 이 책으로 학생들을 지도할 때 알고 있어야 할 교수학 지식들이 정보란에 들어 있습니다.

이 책을 통해 초등학생들이 수학 공부의 즐거움을 느끼고 수학에 대한 자신감을 키울 수 있기를 희망합니다.

2022. 12. 저자 일동

1학년이 꼭 알아야 할
수학 어휘

수와 연산

가르기 　 같다 　 개수 　 계산

낱개

더하기 　 덧셈 　 덧셈식

모으기 　 묶음

빼기 　 뺄셈 　 뺄셈식

세다 　 수 　 순서 　 숫자 　 식

이어 세기 　 작다 　 짝수 　 차

크다

합 　 홀수

측정

가볍다　긴바늘　길다　길이

낮다　넓다　넓이　높다　높이

많다　무겁다　무게

분　비교

시　시각　시계

양

적다　좁다　짧다　짧은바늘

규칙성

규칙　수 배열표

물건 세기 단위

권　마리

I	일	하나
2	이	둘
3	삼	셋
4	사	넷
5	오	다섯
6	육	여섯
7	칠	일곱
8	팔	여덟
9	구	아홉

● ● ● ● ● ● ● ● ● 첫째

● ● ● ● ● ● ● ● ● 둘째

● ● ● ● ● ● ● ● ● 셋째

● ● ● ● ● ● ● ● ● 넷째

● ● ● ● ● ● ● ● ● 다섯째

● ● ● ● ● ● ● ● ● 여섯째

● ● ● ● ● ● ● ● ● 일곱째

● ● ● ● ● ● ● ● ● 여덟째

● ● ● ● ● ● ● ● ● 아홉째

10	십	열
20	이십	스물
30	삼십	서른
40	사십	마흔
50	오십	쉰
60	육십	예순
70	칠십	일흔
80	팔십	여든
90	구십	아흔
100	백	백

11	십일	열하나
22	이십이	스물둘
33	삼십삼	서른셋
44	사십사	마흔넷
55	오십오	쉰다섯
66	육십육	예순여섯
77	칠십칠	일흔일곱
88	팔십팔	여든여덟
99	구십구	아흔아홉

1

수학 어휘와 친해지자

고양이가 말하는 수학 어휘를 읽어 보세요.

무슨 뜻인지 잘 모르겠다고요? 그래도 괜찮아요.

글자판에서 수학 어휘를 찾다 보면 어느새 수학 어휘와

친구가 되어 있을 거예요.

 # 1 수학 어휘와 친해지자

 도전문제(1)

🔍 보기 에 있는 수학 어휘를 글자판에서 찾아 보세요.

보기

가르기, 모으기, 순서,
묶음, 낱개

수학 어휘들이
저마다 가로, 세로로
놓여 있어요.

수학 어휘와 친해지자 1

호	묶	음	돼	지	순
랑	하	마	사	슴	서
이	기	린	강	아	지
가	양	토	끼	낱	개
르	동	물	원	숭	이
기	치	타	모	으	기

더 재미있게 찾아요!

수학 어휘를 모두 찾았나요?
그러면 글자판에서 여러분이 아는 다른 낱말을 더 찾아 보세요!
누가 더 많이 찾나 함께 게임을 해도 좋아요.

21

🔍 보기 에 있는 수학 어휘를 글자판에서 찾아 보세요.

보기

덧셈, 더하기, 합,
뺄셈, 빼기, 차

더	하	기	돌	고	래
수	족	관	상	덧	셈
금	뺄	올	어	멸	치
붕	셈	챙	개	구	리
어	항	이	합	물	차
빼	기	거	북	소	라

 더 재미있게 찾아요!

수학 어휘를 모두 찾았나요?
그러면 글자판에서 여러분이 아는 다른 낱말을 더 찾아 보세요!
누가 더 많이 찾나 함께 게임을 해도 좋아요.

 도전문제(3)

🔍 보기 에 있는 수학 어휘를 글자판에서 찾아 보세요.

보기

계산, 식, 작다,
크다, 숫자

계	산	올	빼	미	학
기	러	기	벌	새	숫
까	치	부	엉	이	자
마	장	끼	참	새	제
귀	크	수	리	식	비
작	다	매	비	둘	기

더 재미있게 찾아요!

수학 어휘를 모두 찾았나요?
그러면 글자판에서 여러분이 아는 다른 낱말을 더 찾아 보세요!
누가 더 많이 찾나 함께 게임을 해도 좋아요.

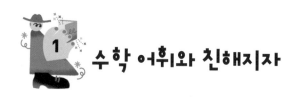

1 수학 어휘와 친해지자

도전문제(4)

🔍 보기 에 있는 수학 어휘를 글자판에서 찾아 보세요.

보기

세다, 이어 세기,
짝수, 홀수, 수

세	다	이	슬	이	달
민	들	레	진	어	개
동	백	수	달	세	비
개	나	리	래	기	도
짝	수	제	비	꽃	라
채	송	화	홀	수	지

더 재미있게 찾아요!

수학 어휘를 모두 찾았나요?
그러면 글자판에서 여러분이 아는 다른 낱말을 더 찾아 보세요!
누가 더 많이 찾나 함께 게임을 해도 좋아요.

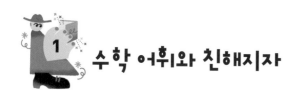

 도전문제(5)

🔍 보기 에 있는 수학 어휘를 글자판에서 찾아 보세요.

보기

개수, 권, 마리, 숫자,
시각, 같다

바	다	뭉	게	구	름	같	다
강	시	각	풀	꽃	소	나	기
시	냇	물	숲	천	둥	오	파
달	개	수	속	권	오	두	근
언	덕	이	슬	비	솔	막	숫
별	빛	공	모	양	길	집	자
패	랭	이	꽃	대	자	연	새
마	리	버	섯	함	박	눈	벽

더 재미있게 찾아요!

수학 어휘를 모두 찾았나요?
그러면 글자판에서 여러분이 아는 다른 낱말을 더 찾아 보세요!
누가 더 많이 찾나 함께 게임을 해도 좋아요.

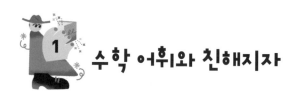

수학 어휘와 친해지자

도전문제(6)

🔍 보기 에 있는 수학 어휘를 글자판에서 찾아 보세요.

보기

시각, 시, 분, 시계, 짧은바늘, 긴바늘

칠	판	교	과	서	시	풀
교	시	각	가	위	동	짧
실	책	상	의	자	화	은
분	연	필	시	계	책	바
색	종	이	도	화	지	늘
지	긴	바	늘	컴	퓨	터

더 재미있게 찾아요!

수학 어휘를 모두 찾았나요?

그러면 글자판에서 여러분이 아는 다른 낱말을 더 찾아 보세요!

누가 더 많이 찾나 함께 게임을 해도 좋아요.

 도전문제(7)

🔍 [보기] 에 있는 수학 어휘를 글자판에서 찾아 보세요.

보기

양, 비교, 길이,
길다, 짧다

가	지	수	박	포	도	양
오	감	비	귤	복	숭	아
이	자	교	딸	기	대	파
호	박	마	늘	길	이	사
길	다	버	섯	당	근	과
고	구	마	자	두	짧	다

더 재미있게 찾아요!

수학 어휘를 모두 찾았나요?

그러면 글자판에서 여러분이 아는 다른 낱말을 더 찾아 보세요!

누가 더 많이 찾나 함께 게임을 해도 좋아요.

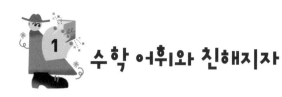

도전문제(8)

🔍 보기 에 있는 수학 어휘를 글자판에서 찾아 보세요.

보기

무게, 무겁다, 가볍다,
넓이, 넓다, 좁다

무	게	운	동	장	도	서	관
교	무	실	교	실	무	겁	다
장	급	식	실	학	생	회	실
실	넓	이	체	육	관	상	학
행	정	실	주	넓	다	담	교
좁	화	단	차	보	건	실	가
다	장	학	부	모	회	창	볍
교	실	계	단	복	도	고	다

더 재미있게 찾아요!

수학 어휘를 모두 찾았나요?
그러면 글자판에서 여러분이 아는 다른 낱말을 더 찾아 보세요!
누가 더 많이 찾나 함께 게임을 해도 좋아요.

 도전문제(9)

🔍 보기 에 있는 수학 어휘를 글자판에서 찾아 보세요.

보기

양, 많다, 적다,
높이, 높다, 낮다

날	씨	덥	다	춥	다	높	다
시	양	폭	풍	우	맑	음	흐
원	후	덥	지	근	장	마	림
많	가	뭄	태	적	다	서	리
다	해	일	풍	여	우	비	눈
파	도	소	나	기	함	높	뙤
바	눈	보	라	비	박	이	약
람	낮	다	싸	리	눈	봄	볕

더 재미있게 찾아요!

수학 어휘를 모두 찾았나요?
그러면 글자판에서 여러분이 아는 다른 낱말을 더 찾아 보세요!
누가 더 많이 찾나 함께 게임을 해도 좋아요.

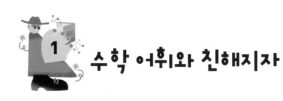

도전문제(10)

🔍 보기 에 있는 수학 어휘를 글자판에서 찾아 보세요.

보기

규칙, 수 배열표, 덧셈식,
뺄셈식, 크다, 작다

공	기	놀	이	뺄	셈	식	고
제	규	칙	전	래	놀	이	무
기	실	뜨	기	덧	셈	식	줄
차	씨	름	수	비	석	치	기
기	투	딱	배	숨	바	꼭	질
크	다	지	열	널	뛰	기	고
꽃	따	기	표	망	줍	기	누
윷	놀	이	닭	싸	움	작	다

더 재미있게 찾아요!

수학 어휘를 모두 찾았나요?
그러면 글자판에서 여러분이 아는 다른 낱말을 더 찾아 보세요!
누가 더 많이 찾나 함께 게임을 해도 좋아요.

2

수학 어휘를
만들어 보자

수학 어휘가 아직도 알쏭달쏭하다고요?

괜찮아요! 뒤죽박죽 수학 어휘를 바르게 만들고,

초성 보고 수학 어휘 만들기를 해 보세요.

그러다 보면 수학 어휘를 정확히 알게 될 거예요.

이런 활동으로 수학 어휘를 익혀요

❶ 뒤죽박죽 글자로 수학 어휘 만들기

❷ 초성 보고 수학 어휘 만들기

2 수학 어휘를 만들어 보자

① 뒤죽박죽 글자로 수학 어휘 만들기

도전문제(1)

🖊 어휘를 바르게 고쳐 ☐ 안에 써 보세요.

• 을 가지고 있는 토끼는 (째첫)입니다.

첫	째

• 분홍색 새는 (째둘)입니다.

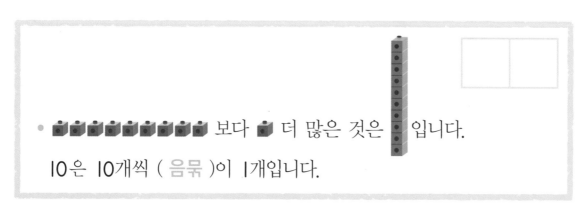

• 🧱🧱🧱🧱🧱🧱🧱🧱 보다 🧱 더 많은 것은 ▮ 입니다.

10은 10개씩 (음묶)이 1개입니다.

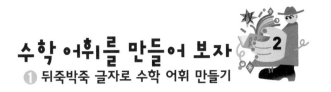

도전문제(2)

✏️ 어휘를 바르게 고쳐 ☐ 안에 써 보세요.

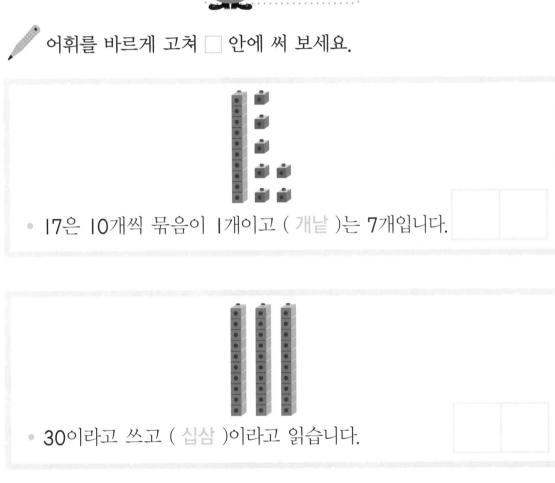

• 17은 10개씩 묶음이 1개이고 (개낱)는 7개입니다.

• 30이라고 쓰고 (십삼)이라고 읽습니다.

• 40이라고 쓰고 (흔마)이라고 읽습니다.

43

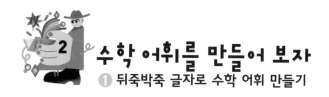

도전문제(3)

✏️ 어휘를 바르게 고쳐 ☐ 안에 써 보세요.

- 10개씩 묶음이 3개이고
  낱개가 5개인 수는 (다른섯서)입니다.

- 10개씩 묶음이 4개이고
  낱개가 1개인 수는 (일십사)입니다.

- 10개씩 묶음이 5개이고
  낱개가 6개인 수는 (육십오)입니다.

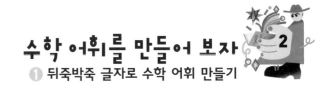

도전문제(4)

🖊 어휘를 바르게 고쳐 ☐ 안에 써 보세요.

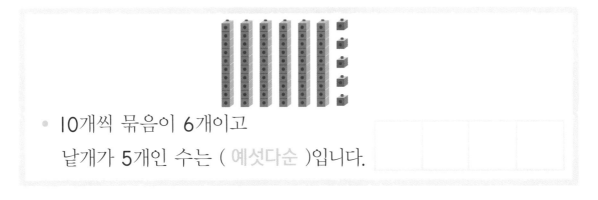

- 10개씩 묶음이 6개이고
  낱개가 5개인 수는 (예섯다순)입니다.

- 10개씩 묶음이 7개이고
  낱개가 7개인 수는 (곱일흔일)입니다.

- 10개씩 묶음이 8개이고
  낱개가 4개인 수는 (팔사십)입니다.

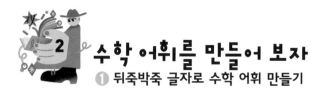

수학 어휘를 만들어 보자
❶ 뒤죽박죽 글자로 수학 어휘 만들기

도전문제(5)

🖊 어휘를 바르게 고쳐 ☐ 안에 써 보세요.

1	9		2	3		4	5
	10			5			9

• 두 수를 하나의 수로 (기으모) 합니다.

5		6		7
2 3		3 3		1 6

• 하나의 수를 두 수로 (기가르) 합니다.

• 연필의 개수를 (자숫)로 쓰면 4입니다.

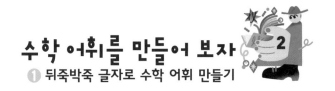

도전문제(6)

✏ 어휘를 바르게 고쳐 ☐ 안에 써 보세요.

4 더하기 3은 얼마야?

4에 이어서 5, 6, 7. 그러니까 7이야.

• 🙂 은 (기세이어)를 했습니다.

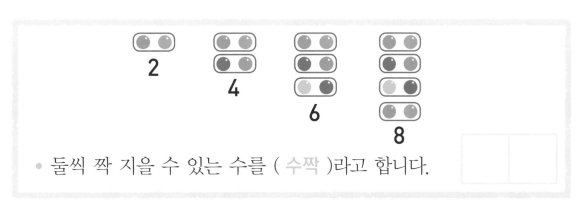

2

4

6

8

• 둘씩 짝 지을 수 있는 수를 (수짝)라고 합니다.

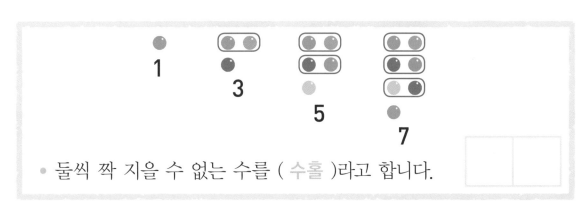

1

3

5

7

• 둘씩 짝 지을 수 없는 수를 (수홀)라고 합니다.

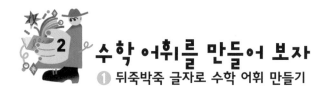

수학 어휘를 만들어 보자
① 뒤죽박죽 글자로 수학 어휘 만들기

도전문제(7)

✏️ 어휘를 바르게 고쳐 ☐ 안에 써 보세요.

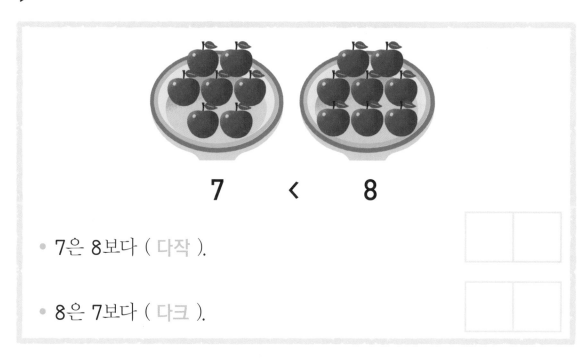

7 < 8

• 7은 8보다 (다작).

• 8은 7보다 (다크).

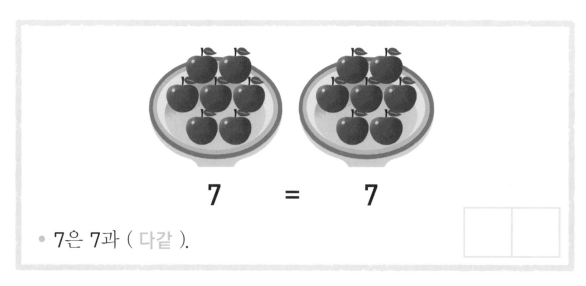

7 = 7

• 7은 7과 (다같).

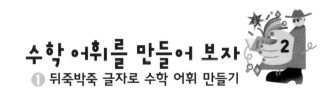
 도전문제(8)

🖊 어휘를 바르게 고쳐 ☐ 안에 써 보세요.

- ' + '는 (하기더)를 나타냅니다.

- ' - '는 (기빼)를 나타냅니다.

- $7+2=9$, $1+2=3$, $5+3=8$
  이것은 (식셈덧)입니다.

- $5-1=4$, $4-2=2$, $2-2=0$
  이것은 (셈뺄식)입니다.

- $5+5=10$, $7-3=4$
  (산계)을 잘했습니다.

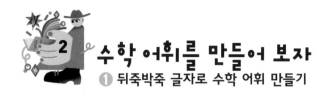

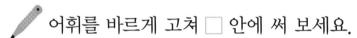

어휘를 바르게 고쳐 ☐ 안에 써 보세요.

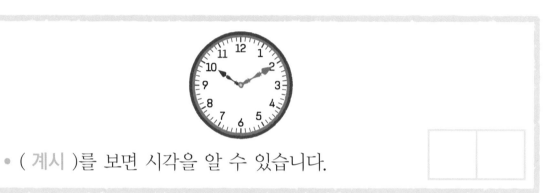

• (계시)를 보면 시각을 알 수 있습니다.

• (은바짧늘)을 보면 몇 시인지
알 수 있습니다.

• (바긴늘)을 보면 몇 분인지 알 수 있습니다.

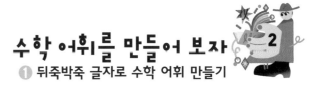

도전문제(10)

✏️ 어휘를 바르게 고쳐 ☐ 안에 써 보세요.

- 지금 (각시)은 2시 30분입니다.

- 샌드위치와 주사위가 (칙규)적으로
  놓여 있습니다.

1	2	3	4	5	6	7	8	9	10
11	12	13	14	15	16	17	18	19	20
21	22	23	24	25	26	27	28	29	30
31	32	33	34	35	36	37	38	39	40
41	42	43	44	45	46	47	48	49	50
51	52	53	54	55	56	57	58	59	60
61	62	63	64	65	66	67	68	69	70
71	72	73	74	75	76	77	78	79	80
81	82	83	84	85	86	87	88	89	90
91	92	93	94	95	96	97	98	99	100

- 이렇게 생긴 표를
  (표배수열)라고 합니다.

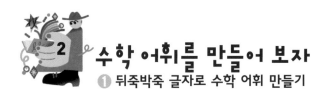

도전문제(11)

🖊 어휘를 바르게 고쳐 □ 안에 써 보세요.

• 어느 것이 더 긴지 (교비)해 볼까요?

• '길다', '짧다'는 (이길)를 비교하는 말입니다.

• '무겁다', '가볍다'는 (게무)를 비교하는 말입니다.

• '넓다', '좁다'는 (이넓)를 비교하는 말입니다.

• '높다', '낮다'는 (이높)를 비교하는 말입니다.

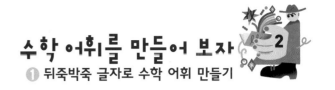

도전문제(12)

✏️ 어휘를 바르게 고쳐 ☐ 안에 써 보세요.

- 길이를 비교할 때는 '길다' 또는 '(다짧)'라고 해요.

- 무게를 비교할 때는 '무겁다' 또는 '(볍가다)'라고 해요.

- 넓이를 비교할 때는 '(다넓)' 또는 '좁다'라고 해요.

- 높이를 비교할 때는 '높다' 또는 '(다낮)'라고 해요.

53

2 수학 어휘를 만들어 보자

② 초성 보고 수학 어휘 만들기

도전문제(1)

✏️ 초성을 보고 □ 안에 알맞은 수학 어휘를 써 보세요.

• 첫째, 둘째, 셋째……는 ㅅㅅ 를 말할 때 사용합니다.

순 서

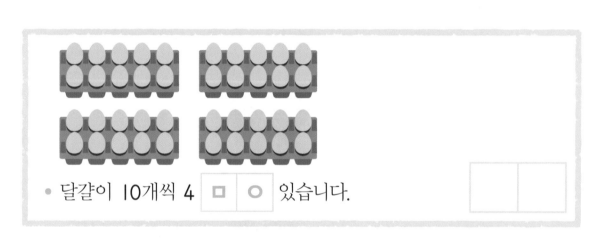

• 달걀이 10개씩 4 ㅁ ㅇ 있습니다.

• 구슬이 48개 있습니다.

10개씩 묶으면 ㄴ ㄱ 는 8개입니다.

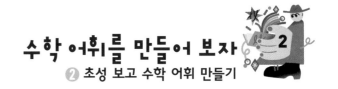

수학 어휘를 만들어 보자

② 초성 보고 수학 어휘 만들기

도전문제(2)

✏️ 초성을 보고 □ 안에 알맞은 수학 어휘를 써 보세요.

3+4

- 이 식은 '3 ㄷ ㅎ ㄱ 4' 라고 읽습니다.

5-2

- 이 식은 '5 ㅃ ㄱ 2' 라고 읽습니다.

13=13

- 이 식은 '13과 13은 ㄱ ㄷ .' 라고 읽습니다.

90>70

- 이 식은 '90은 70보다 ㅋ ㄷ .' 라고 읽습니다.
  더 큰 쪽으로 벌어지는 모양입니다.

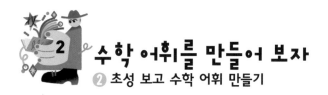

 도전문제(3)

✏️ 초성을 보고 □ 안에 알맞은 수학 어휘를 써 보세요.

3+6=9

• ㅎ 이 9가 되는 덧셈식입니다. □

7-5=2

• ㅊ 가 2가 되는 뺄셈식입니다. □

9-2=7

• 9 - 2를 ㄱ ㅅ 하면 7이 됩니다. □□

5+2=7

• 이 식은 ㄷ ㅅ ㅅ 입니다. □□□
  '5 더하기 2는 7과 같습니다.'라고 읽습니다.

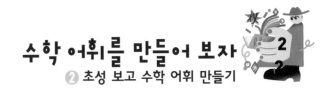

도전문제(4)

✎ 초성을 보고 □ 안에 알맞은 수학 어휘를 써 보세요.

• 10개씩 묶음이 10개 있으면 100이라고 쓰고

ㅂ 이라고 읽습니다.

• 10개씩 묶음이 2개이고 낱개가 5개이면 25라고 쓰고

ㅅ ㅁ ㄷ ㅅ 이라고 읽습니다.

• 10개씩 묶음이 4개이고 낱개가 7개이면 47이라고 쓰고

ㅁ ㅎ ㅇ ㄱ 이라고 읽습니다.

• 10개씩 묶음이 9개이고 낱개가 3개이면 93이라고 쓰고

ㅇ ㅎ ㅅ 이라고 읽습니다.

57

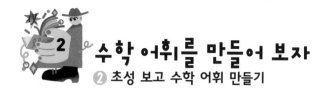

✏️ 초성을 보고 □ 안에 알맞은 수학 어휘를 써 보세요.

• 2와 8을 ㅁ ㅇ ㄱ 했더니 10이 되었어요.

• ●는 첫째이고 ★은 ㄴ ㅉ 입니다.

• 공이 몇 개인지 ㅅ ㄱ 를 하고 있습니다.

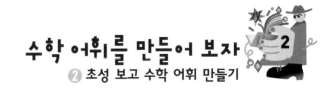

도전문제(6)

✏️ 초성을 보고 ☐ 안에 알맞은 수학 어휘를 써 보세요.

• 파란 컵에 들어 있는 물의 ㅇ 이 더 많습니다.

• '소가 양보다 더 ㅁ ㄱ ㄷ .'라고 합니다.

• 그림책이 3 ㄱ 있습니다.

59

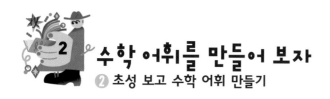

도전문제(7)

🖊 초성을 보고 □ 안에 알맞은 수학 어휘를 써 보세요.

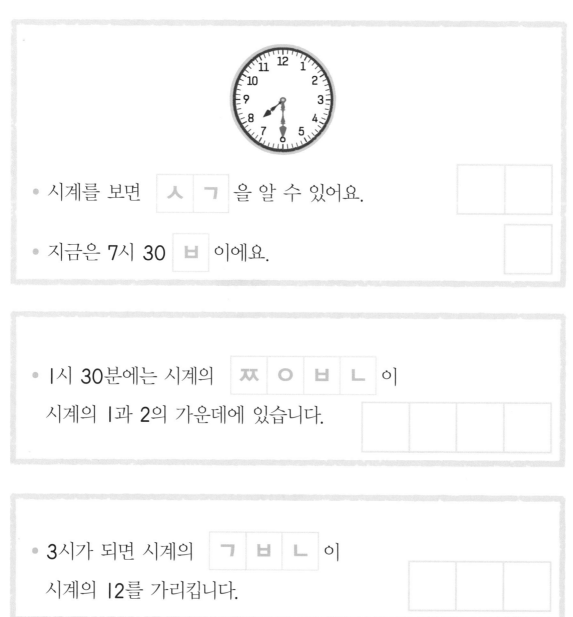

• 시계를 보면 ㅅ ㄱ 을 알 수 있어요.

• 지금은 7시 30 ㅂ 이에요.

• 1시 30분에는 시계의 ㅉ ㅇ ㅂ ㄴ 이
시계의 1과 2의 가운데에 있습니다.

• 3시가 되면 시계의 ㄱ ㅂ ㄴ 이
시계의 12를 가리킵니다.

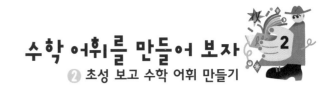
 도전문제(8)

✏️ 초성을 보고 □ 안에 알맞은 수학 어휘를 써 보세요.

• 리본의 ㄱ ㅇ 를 비교합니다.
  빨간 리본이 더 깁니다.

• 과일의 ㅁ ㄱ 를 비교합니다.
  수박이 더 무겁습니다.

• 쌓여 있는 책의 ㄴ ㅇ 를 비교합니다.
  왼쪽이 더 높습니다.

• 두 물건의 높이가 같습니다.
  하지만 ㄴ ㅇ 는 다릅니다.

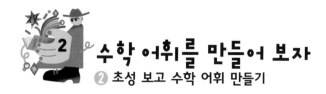

도전문제(9)

초성을 보고 □ 안에 알맞은 수학 어휘를 써 보세요.

- 그림을 보고 ㄱ ㅊ 을 찾을 수 있습니다. □□

| 30 | 40 | 50 | 60 | 70 | 80 |

- 10씩 커지는 ㅅ ㅅ 로 되어 있습니다. □□

1	2	3	4	5	6	7	8	9	10
11	12	13	14	15	16	17	18	19	20
21	22	23	24	25	26	27	28	29	30
31	32	33	34	35	36	37	38	39	40
41	42	43	44	45	46	47	48	49	50
51	52	53	54	55	56	57	58	59	60
61	62	63	64	65	66	67	68	69	70
71	72	73	74	75	76	77	78	79	80
81	82	83	84	85	86	87	88	89	90
91	92	93	94	95	96	97	98	99	100

- 이것은 ㅅ ㅂ ㅇ ㅍ 입니다.

□ □□□

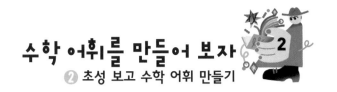
 도전문제(10)

🖊 초성을 보고 □ 안에 알맞은 수학 어휘를 써 보세요.

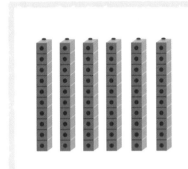

- 60은 10개씩 □ ○ 이 6개이고 낱개는 없습니다.

- 사과의 ㄱ ㅅ 는 5개입니다.

3+5, 3+5=8, 9-7, 9-7=2, 3=3, 3<5, 5>3

- 숫자와 기호(+, −, =, <, >)를 사용해서 ㅅ 을 쓸 수 있습니다.

3

수학 어휘에 익숙해지자

수학 어휘가 알쏭달쏭하다고요? 괜찮아요!

관계있는 것을 연결하고 빈칸에 따라 쓰다 보면

정확히 알게 될 거예요.

이런 활동으로 수학 어휘를 익혀요

❶ 관계있는 것끼리 짝 짓기

❷ 빈칸에 따라 쓰기

수학 어휘에 익숙해지자

❶ 관계있는 것끼리 짝 짓기

도전문제(1)

✏️ 관계있는 것끼리 바르게 연결하세요.

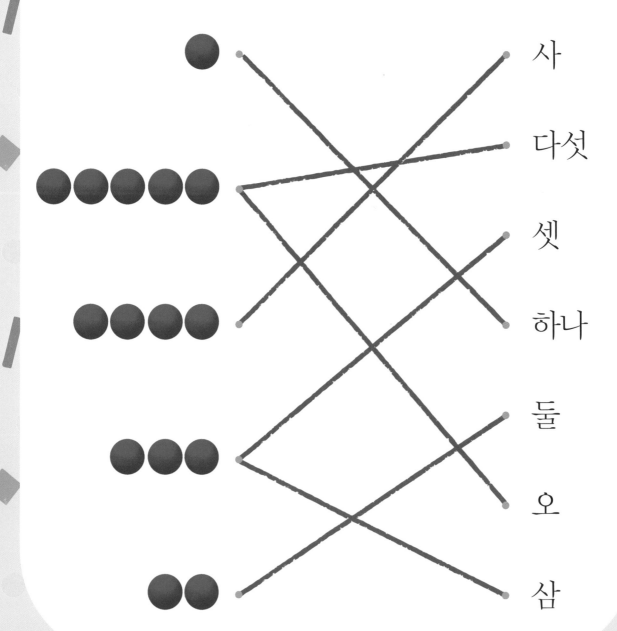

도전문제(2)

✏️ 관계있는 것끼리 바르게 연결하세요.

첫째 ·

둘째 ·

셋째 ·

넷째 ·

다섯째 ·

🖊 관계있는 것끼리 바르게 연결하세요.

모으기 •

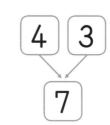

가르기 •   • =

더하기 •   • −

빼기 •   • +

같다 •

✏️ 관계있는 것끼리 바르게 연결하세요.

뺄셈 •   • 8 > 5

덧셈 •   • 1, 3, 5, 7……

짝수 •   • 2 + 3

홀수 •   • 7 - 1

8이 5보다 크다 •   • 2, 4, 6, 8……

3 수학 어휘에 익숙해지자
❶ 관계있는 것끼리 짝 짓기

도전문제(5)

🖊 관계있는 것끼리 바르게 연결하세요.

30 •   • 삼십

                             • 구십

50 •   • 쉰

40 •   • 마흔

                             • 여든

90 •   • 아흔

80 •   • 서른

70

도전문제(6)

관계있는 것끼리 바르게 연결하세요.

100 •   • 팔십

                         • 스물

70 •   • 서른

20 •   • 백

                         • 칠십

30 •   • 일흔

80 •   • 여든

🖊 관계있는 것끼리 바르게 연결하세요.

10씩 2묶음 •

수 배열표 •   • 3 + 5

1	2	3	4
11	12	13	14
21	22	23	24
31	32	33	34
41	42	43	44

낱개 2개 •   •

덧셈식 •   • 6 - 2

뺄셈식 •   •

 도전문제(8)

✏️ 관계있는 것끼리 바르게 연결하세요.

7시 •

•

30분 •

• 가볍다, 무겁다

무게 •

•

높이 •

• 길다, 짧다

길이 •

• 높다, 낮다

수학 어휘에 익숙해지자
❶ 관계있는 것끼리 짝 짓기

 도전문제(9)

🖋 관계있는 것끼리 바르게 연결하세요.

스물셋 •   • 29

이십오 •   • 24

스물아홉 •   • 23

이십사 •   • 28

스물여덟 •   • 25

 도전문제(10)

🖊 관계있는 것끼리 바르게 연결하세요.

삼십일 •   • 30

   서른 •
                                           • 31

여든둘 •
                                           • 54

오십사 •

                                           • 79

칠십구 •

팔십이 •   • 82

수학 어휘에 익숙해지자
① 관계있는 것끼리 짝 짓기

 도전문제(11)

 관계있는 것끼리 바르게 연결하세요.

재민이가 민석이보다
더 가볍습니다.

노란색 공책이 파란색
공책보다 더 좁습니다.

에 담을 수 있는
양이 에 담을 수 있는
양보다 더 많습니다.

보라색 연필이 가장
깁니다.

76

✏️ 관계있는 것끼리 바르게 연결하세요.

사자 3 ⬚⬚ •

• 마리

• 4와 5의 합은 9입니다.

4+5=9 •

• 권

7−2=5 •

• 7 빼기 2는 5와 같습니다.

• 7에서 2를 빼면 5가 됩니다.

그림책 5 ⬚ •

🕵️ 도전문제(13)

✏️ 관계있는 것끼리 바르게 연결하세요.

마흔넷 •   • 43

사십칠 •   • 42

마흔셋 •   • 40

사십구 •   • 47

마흔둘 •   • 44

마흔 •   • 48

사십팔 •   • 49

도전문제(14)

✏️ 관계있는 것끼리 바르게 연결하세요.

60 •   • 쉰다섯

쉰아홉 •   • 예순

오십오 •   • 쉰일곱

쉰 •   • 50

57 •   • 쉰여덟

오십팔 •   • 59

쉰하나 •   • 오십일

도전문제(15)

🖊 관계있는 것끼리 바르게 연결하세요.

64 ·   · 예순넷

예순 ·   · 63

예순여섯 ·   · 육십

65 ·   · 예순둘

육십이 ·   · 육십육

예순셋 ·   · 예순일곱

67 ·   · 예순다섯

도전문제(16)

✏️ 관계있는 것끼리 바르게 연결하세요.

일흔다섯 •　　　　　　　• 칠십

71 •　　　　　　　• 일흔아홉

일흔 •　　　　　　　• 75

칠십구 •　　　　　　　• 일흔하나

일흔둘 •　　　　　　　• 일흔여덟

칠십칠 •　　　　　　　• 72

78 •　　　　　　　• 일흔일곱

 도전문제(17)

✏️ 관계있는 것끼리 바르게 연결하세요.

여든둘 •   • 팔십사

87 •   • 팔십육

여든넷 •   • 여든일곱

89 •   • 82

여든여섯 •   • 여든여덟

팔십팔 •   • 팔십

여든 •   • 여든아홉

✏️ 관계있는 것끼리 바르게 연결하세요.

아흔아홉 •   • 구십

94 •   • 아흔넷

구십일 •   • 99

92 •   • 아흔하나

아흔 •   • 아흔둘

구십오 •   • 93

아흔셋 •   • 아흔다섯

수학 어휘에 익숙해지자
❶ 관계있는 것끼리 짝 짓기

도전문제(19)

✏️ 관계있는 것끼리 바르게 연결하세요.

10 ·   · 칠십

                                    · 열

60 ·   · 마흔

40 ·   · 스물

                                    · 사십

70 ·   · 예순

20 ·   · 일흔

수학 어휘에 익숙해지자
① 관계있는 것끼리 짝 짓기

도전문제(20)

🖊 관계있는 것끼리 바르게 연결하세요.

92 •   • 육십삼

32 •   • 아흔둘

56 •   • 십오

15 •   • 쉰여섯

63 •   • 서른둘

85

3 수학 어휘에 익숙해지자

 ② 빈칸에 따라 쓰기

 도전문제(1)

✏️ 수학 어휘를 따라 써 보세요.

| 가 | 르 | 기 | | 가 | 르 | 기 |

| 모 | 으 | 기 | | 모 | 으 | 기 |

| 묶 | 음 | | 묶 | 음 |

| 낱 | 개 | | 낱 | 개 |

| 순 | 서 | | 순 | 서 |

 도전문제(2)

✏️ 빈칸에 수학 어휘를 두 번씩 쓰세요.

가르기

모으기

묶음

낱개

순서

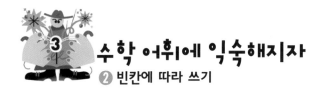

도전문제(3)

✏️ 수학 어휘를 따라 써 보세요.

수 수 수

숫자 숫자

세다 세다

이어 세기

이어 세기

도전문제(4)

✏️ 빈칸에 수학 어휘를 두 번씩 쓰세요.

수		

숫자		

세다		

이어 세기	

이어 세기	

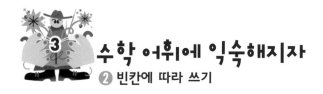

수학 어휘에 익숙해지자
❷ 빈칸에 따라 쓰기

🖊 수학 어휘를 따라 써 보세요.

| 계 | 산 | | 계 | 산 |

| 덧 | 셈 | | 덧 | 셈 |

| 합 | | 합 | | 합 |

| 뺄 | 셈 | | 뺄 | 셈 |

| 차 | | 차 | | 차 |

도전문제(6)

✏️ 빈칸에 수학 어휘를 두 번씩 쓰세요.

계산		
덧셈		
합		
뺄셈		
차		

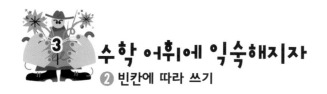

3 수학 어휘에 익숙해지자
❷ 빈칸에 따라 쓰기

도전문제(7)

🖊 수학 어휘와 기호를 따라 써 보세요.

식	식	식

더	하	기	+

더	하	기	+

빼	기	−

빼	기	−

 도전문제(8)

🖊 빈칸에 수학 어휘와 기호를 두 번씩 쓰세요.

| 식 | | |

| 더하기 | | |

| + | | |

| 빼기 | | |

| ─ | | |

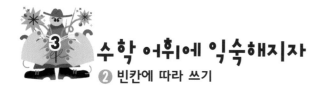

도전문제(9)

✏️ 수학 어휘와 기호를 따라 써 보세요.

짝수　짝수

홀수　홀수

같다　같다　＝　＝

크다　크다　＞　＞

작다　작다　＜　＜

도전문제(10)

✏️ 빈칸에 수학 어휘와 기호를 두 번씩 쓰세요.

짝수		
홀수		
같다, =	,	,
크다, >	,	,
작다, <	,	,

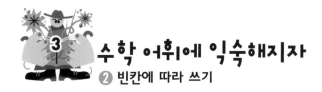

도전문제(11)

✏️ 숫자와 수학 어휘를 따라 써 보세요.

1	하	나		일

2	둘		이

3	셋		삼

4	넷		사

5	다	섯		오

도전문제(12)

✏️ 빈칸에 숫자와 수학 어휘를 한 번씩 쓰세요.

1, 하나, 일	, ,

2, 둘, 이	, ,

3, 셋, 삼	, ,

4, 넷, 사	, ,

5, 다섯, 오	, ,

97

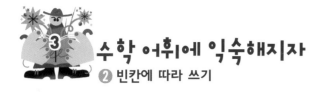

 도전문제(13)

✏️ 숫자와 수학 어휘를 따라 써 보세요.

| 6 | 여 | 섯 | 육 |

| 7 | 일 | 곱 | 칠 |

| 8 | 여 | 덟 | 팔 |

| 9 | 아 | 홉 | 구 |

 도전문제(14)

✏️ 빈칸에 숫자와 수학 어휘를 한 번씩 쓰세요.

| 6, 여섯, 육 | , , |

| 7, 일곱, 칠 | , , |

| 8, 여덟, 팔 | , , |

| 9, 아홉, 구 | , , |

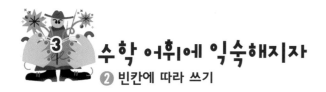

도전문제(15)

✏️ 수학 어휘를 따라 써 보세요.

첫	째

둘	째

셋	째

넷	째

다	섯	째

다	섯	째

여	섯	째

여	섯	째

일	곱	째

일	곱	째

여	덟	째

여	덟	째

아	홉	째

아	홉	째

 도전문제(16)

✏️ 빈칸에 수학 어휘를 한 번씩 쓰세요.

첫째	
둘째	
셋째	
넷째	
다섯째	
여섯째	
일곱째	
여덟째	
아홉째	

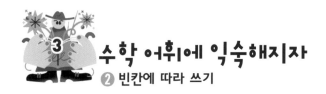

도전문제(17)

✏️ 숫자와 수학 어휘를 따라 써 보세요.

| 10 | 열 | 십 |

| 20 | 스물 | 이십 |

| 30 | 서른 | 삼십 |

| 40 | 마흔 | 사십 |

| 50 | 쉰 | 오십 |

수학 어휘에 익숙해지자 3
❷ 빈칸에 따라 쓰기

 도전문제(18)

✏️ 빈칸에 숫자와 수학 어휘를 한 번씩 쓰세요.

10, 열, 십	, ,
20, 스물, 이십	, ,
30, 서른, 삼십	, ,
40, 마흔, 사십	, ,
50, 쉰, 오십	, ,

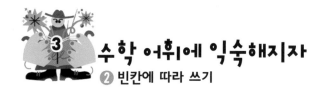

 도전문제(19)

✏️ 숫자와 수학 어휘를 따라 써 보세요.

| 60 | 예 | 순 | 육 | 십 |

| 70 | 일 | 흔 | 칠 | 십 |

| 80 | 여 | 든 | 팔 | 십 |

| 90 | 아 | 흔 | 구 | 십 |

| 100 | 백 | 백 |

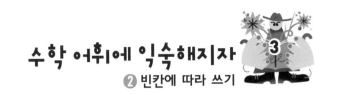

수학 어휘에 익숙해지자 **3**
2 빈칸에 따라 쓰기

도전문제(20)

✏️ 빈칸에 숫자와 수학 어휘를 한 번씩 쓰세요.

60, 예순, 육십	, ,

70, 일흔, 칠십	, ,

80, 여든, 팔십	, ,

90, 아흔, 구십	, ,

100, 백, 백	, ,

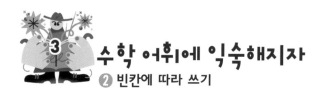

✏️ 수학 어휘를 따라 써 보세요.

| 시 | 계 | | 시 | 계 |

| 긴 | 바 | 늘 | | 긴 | 바 | 늘 |

| 짧 | 은 | 바 | 늘 | | 짧 | 은 | 바 | 늘 |

| 시 | 각 | | 시 | 각 |

| 시 | | 시 |

| 분 | | 분 |

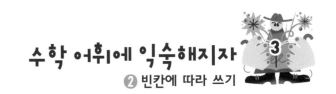

도전문제(22)

✏️ 빈칸에 수학 어휘를 한 번씩 쓰세요.

시계	
긴바늘	
짧은바늘	
시각	
시	
분	

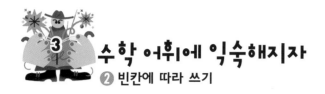

 도전문제(23)

🖊 수학 어휘를 따라 써 보세요.

양　양

비교　비교

규칙　규칙

수　배열표

수　배열표

도전문제(24)

✏️ 빈칸에 수학 어휘를 한 번씩 쓰세요.

양	

비교	

규칙	

수 배열표	

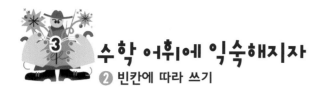

✏️ 수학 어휘를 따라 써 보세요.

길	이

길	이

길	다

길	다

짧	다

짧	다

무	게

무	게

무	겁	다

무	겁	다

가	볍	다

가	볍	다

 도전문제(26)

🖊 빈칸에 수학 어휘를 한 번씩 쓰세요.

길이	
길다	
짧다	
무게	
무겁다	
가볍다	

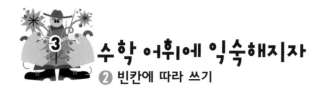

✏️ 수학 어휘를 따라 써 보세요.

| 넓 | 이 | | 넓 | 다 | | 좁 | 다 |

| 넓 | 이 | | 넓 | 다 | | 좁 | 다 |

| 양 | | | 많 | 다 | | 적 | 다 |

| 양 | | | 많 | 다 | | 적 | 다 |

| 높 | 이 | | 높 | 다 | | 낮 | 다 |

| 높 | 이 | | 높 | 다 | | 낮 | 다 |

 도전문제(28)

🖊 빈칸에 수학 어휘를 한 번씩 쓰세요.

넓이	
넓다	
좁다	
양	
많다	
적다	
높이	
높다	
낮다	

4

가로세로퍼즐로 수학 어휘를 꽉잡자

와, 지금까지 정말 잘했어요!

이제 가로세로 퍼즐을 풀며 수학 어휘를 완전히

내 것으로 만들어 보세요.

가로세로 퍼즐로 수학 어휘를 꽉 잡자

도전문제(1)

🔑 가 로 열 쇠

① 25는 10개씩 묶음이 2개이고 □□는 5개인 수입니다.

③ 4+2를 구할 때 '4에 이어서 5, 6'과 같이 세는 방법

⑥ 더하기를 사용하는 셈 : 3+7, 6+9

⑦ 56은 10개씩 □□이 5개이고 낱개가 6개인 수입니다.

⑧ 순서를 셀 때 '여섯째' 다음은?

🔑 세 로 열 쇠

② 🔋🔋🔋🔋의 □□는 4개입니다.

④ 뺄셈에서 사용하는 '-'의 이름

⑤ 빼기를 사용하는 셈 : 7-3, 16-7

⑨ 책을 셀 때 쓰는 말

이 퍼즐에서는
띄어쓰기를 하지
않아도 돼요.

① ②

④

③

⑤

⑥

⑦

⑧

⑨

가로세로 퍼즐로 수학 어휘를 꽉 잡자

도전문제(2)

🔑 가 로 열 쇠

② '30'을 읽을 때 '삼십' 또는 □□이라고 합니다.

③ 10개씩 묶음이 4개인 수를 읽을 때 '사십' 또는 □□이라고 합니다.

⑤ 10개씩 묶음이 6개인 수를 읽을 때 '육십' 또는 □□이라고 합니다.

⑦ '세 살 버릇 □□(80)까지 간다.'

⑧ '3 = 3' 이 식에서 '='의 뜻은 □□입니다.

🔑 세 로 열 쇠

① 5+3=8, 5와 3의 □은 8입니다.

④ '70'을 읽을 때 '칠십' 또는 □□이라고 합니다.

⑥ '첫째, 둘째, 셋째'는 □□를 나타내는 말입니다.

⑨ 30 < 40을 읽을 때 '30은 40보다 □□.'라고 합니다.

가로세로 퍼즐로 수학 어휘를 꽉 잡자

🔑 가 로 열 쇠

① ⚾ ⚽ 🏀 🏐 🏈 🏉

　공이 나열된 순서를 보면 □□에 있는 것은 야구공입니다.

④ '1'을 읽을 때 □□, 또는 '일'이라고 합니다.

⑤ 🐟🐟🐟 물고기가 □ □□ 있습니다.

⑥ 수가 배열되어 있는 표

🔑 세 로 열 쇠

② 지금 시각은 □ □입니다.

③ 덧셈식 '4+5'를 읽을 때 '4 □□□ 5'라고 합니다.

⑤ 🍊 귤이 □ □ 있습니다.

가로세로 퍼즐로 수학 어휘를 꽉 잡자

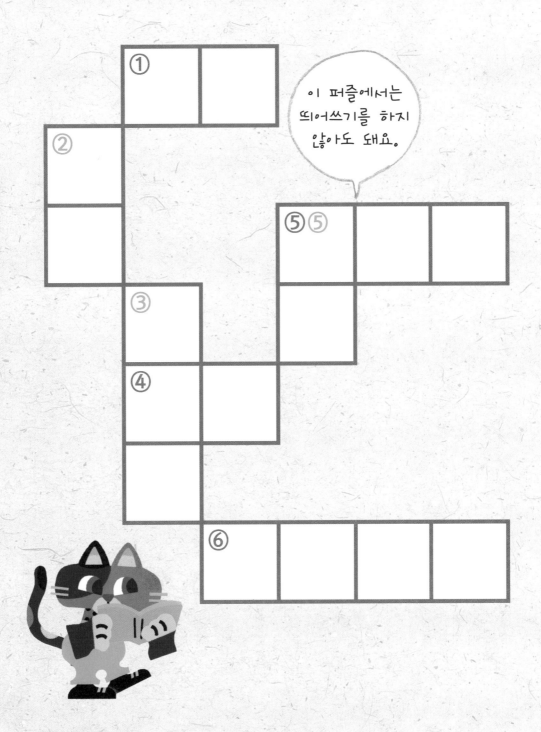

이 퍼즐에서는 띄어쓰기를 하지 않아도 돼요.

가로세로 퍼즐로 수학 어휘를 꽉 잡자

🔑 가 로 열 쇠

① ⬤⬤⬤⬤⬤⬤⬤ 에는 ⬤⬤⬤ 이 반복되는 □□이 있습니다.

② 🫙 과 🍾 에 물을 가득 채워서 양을 □□합니다.

③ 🐘 의 □□는 🐰 보다 더 무겁습니다.

⑤ 🪑 의 □□는 🪑 보다 높습니다.

⑦ 🧅 이 2 □□ 있습니다.

⑧ 영화를 시작하는 □□은 9시입니다.

🔑 세 로 열 쇠

④ 🚂🚃🚃🚃🚃 의 □□는 🚌 보다 깁니다.

⑥ 🖥 의 □□는 🎲 보다 넓습니다.

⑧ 시각을 알기 위해 보는 물건

122

 도전문제(5)

🔑 가 로 열 쇠

③ 2+3을 □□하면 5입니다.

④ 57은 10개씩 묶음이 5개이고 □□가 7개인 수입니다.

🔑 세 로 열 쇠

① 종이를 셀 때 쓰는 말 : 한□, 두□

② l, 3, 5, 7, 9와 같이 둘씩 짝을 지을 수 없는 수

⑤ ✏️의 □□는 2자루입니다.

⑥ 시계에서 긴바늘은 □을 가리킵니다.

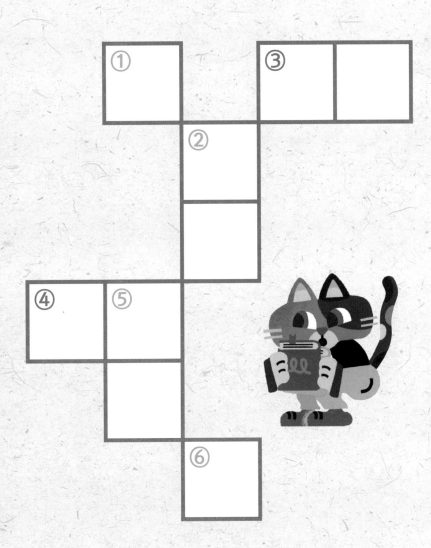

종합문제

 종합문제

✏️ □에 들어갈 답의 번호를 잘 골라서 ( ) 안에 쓰세요.

1. "하나, 둘, 셋……"은 □를 세는 말입니다. ──────── (   )

   ①더하기 ②순서 ③수 ④무게 ⑤시각

2. '첫째, 둘째, 셋째……'는 □를 말합니다. ──────── (   )

   ①순서 ②낱개 ③개수 ④이어 세기 ⑤짝수

3. 4와 5의 □은 9입니다. ──────────── (   )

   ①아홉 ②합 ③규칙 ④뺄셈 ⑤시각

4. '9 − 2 = 7'은 □입니다. ──────────── (   )

   ①덧셈 ②칠 ③이어 세기 ④뺄셈 ⑤무겁다

5. '2, 4, 6, 8'은 □입니다. ──────────── (   )

   ①홀수 ②시계 ③짝수 ④무게 ⑤좁다

6. 57은 10개씩 묶음이 5개이고 ☐가 7개인 수입니다. ·········· (　)

　　①넓이　②개수　③짝수　④길이　⑤낱개

7. 오늘 친구와 만나기로 한 ☐은 6시입니다. ·········· (　)

　　①날　②시각　③식　④분　⑤바늘

8. (8:00) 지금은 8☐입니다. ··············· (　)

　　①시　②시각　③시계　④분　⑤초

9. 축구공과 야구공의 크기를 ☐했습니다. ·········· (　)

　　①모으기　②가르기　③이어 세기　④더하기　⑤비교

10. 기차의 ☐는 자전거보다 더 깁니다. ·········· (　)

　　①무게　②높이　③길이　④개수　⑤차

어린이 여러분!
앞으로도 즐거운 마음으로 수학 어휘 공부를 열심히 하기 바랍니다.

정답

21쪽

수학 어휘와 친해지자 ①

호	묶	음	돼	지	순
랑	하	마	사	슴	서
이	기	린	강	아	지
가	양	토	끼	날	개
르	동	물	원	숭	이
기	치	타	모	으	기

더 재미있게 찾아요!
수학 어휘를 모두 찾았나요?
그러면 글자판에서 여러분이 아는 다른 낱말을 더 찾아 보세요!
누가 더 많이 찾나 함께 게임을 해도 좋아요.

21

23쪽

수학 어휘와 친해지자 ①

더	하	기	돌	고	래
수	족	관	상	덧	셈
금	뺄	올	어	멸	치
붕	셈	챙	개	구	리
어	항	이	합	물	차
빼	기	거	북	소	라

더 재미있게 찾아요!
수학 어휘를 모두 찾았나요?
그러면 글자판에서 여러분이 아는 다른 낱말을 더 찾아 보세요!
누가 더 많이 찾나 함께 게임을 해도 좋아요.

23

25쪽

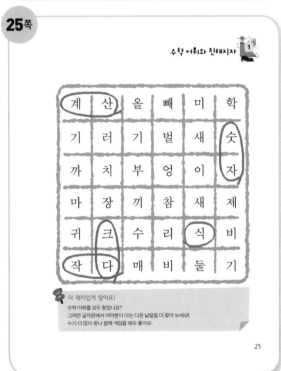

수학 어휘와 친해지자 ①

계	산	올	빼	미	학
기	러	기	벌	새	숫
까	치	부	엉	이	자
마	장	끼	참	새	제
귀	크	수	리	식	비
작	다	매	비	둘	기

더 재미있게 찾아요!
수학 어휘를 모두 찾았나요?
그러면 글자판에서 여러분이 아는 다른 낱말을 더 찾아 보세요!
누가 더 많이 찾나 함께 게임을 해도 좋아요.

25

27쪽

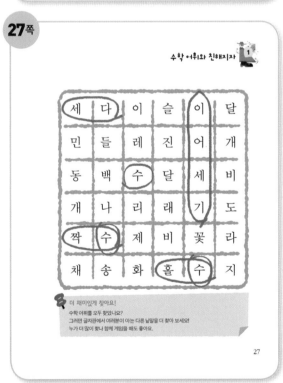

수학 어휘와 친해지자 ①

세	다	이	슬	이	달
민	들	레	진	어	개
동	백	수	달	세	비
개	나	리	래	기	도
짝	수	제	비	꽃	라
채	송	화	홀	수	지

더 재미있게 찾아요!
수학 어휘를 모두 찾았나요?
그러면 글자판에서 여러분이 아는 다른 낱말을 더 찾아 보세요!
누가 더 많이 찾나 함께 게임을 해도 좋아요.

27

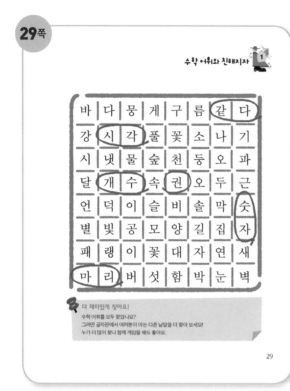

수학 어휘와 친해지자

바	다	뭉	게	구	름	같	다
강	시	각	풀	꽃	소	나	기
시	냇	물	숲	천	둥	오	파
달	개	수	속	권	오	두	근
언	덕	이	슬	비	솔	막	숫
별	빛	공	모	양	길	집	자
패	랭	이	꽃	대	자	연	새
마	리	버	섯	함	박	눈	벽

더 재미있게 찾아요!
수학 어휘를 모두 찾았나요?
그러면 글자판에서 여러분이 아는 다른 낱말을 더 찾아 보세요!
누가 더 많이 찾나 함께 게임을 해도 좋아요.

29

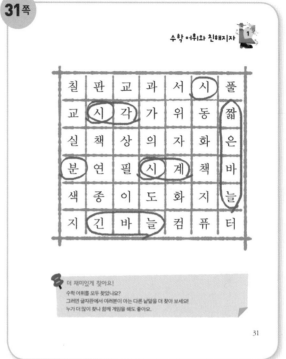

수학 어휘와 친해지자

칠	판	교	과	서	시	풀
교	시	각	가	위	동	짧
실	책	상	의	자	화	은
분	연	필	시	계	책	바
색	종	이	도	화	지	늘
지	긴	바	늘	컴	퓨	터

더 재미있게 찾아요!
수학 어휘를 모두 찾았나요?
그러면 글자판에서 여러분이 아는 다른 낱말을 더 찾아 보세요!
누가 더 많이 찾나 함께 게임을 해도 좋아요.

31

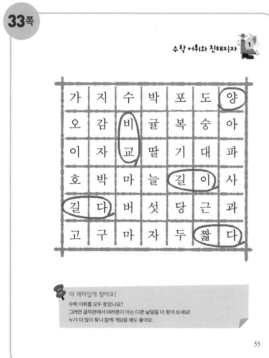

수학 어휘와 친해지자

가	지	수	박	포	도	양
오	감	비	귤	복	숭	아
이	자	교	딸	기	대	파
호	박	마	늘	길	이	사
길	다	버	섯	당	근	과
고	구	마	자	두	짧	다

더 재미있게 찾아요!
수학 어휘를 모두 찾았나요?
그러면 글자판에서 여러분이 아는 다른 낱말을 더 찾아 보세요!
누가 더 많이 찾나 함께 게임을 해도 좋아요.

33

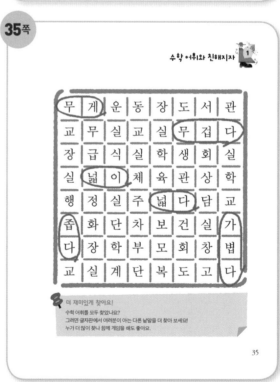

수학 어휘와 친해지자

무	게	운	동	장	도	서	관
교	무	실	교	실	무	겁	다
장	급	식	실	학	생	회	실
실	넓	이	체	육	관	상	학
행	정	실	주	넓	다	담	교
좁	화	단	차	보	건	실	가
다	장	학	부	모	회	창	볍
교	실	계	단	복	도	고	다

더 재미있게 찾아요!
수학 어휘를 모두 찾았나요?
그러면 글자판에서 여러분이 아는 다른 낱말을 더 찾아 보세요!
누가 더 많이 찾나 함께 게임을 해도 좋아요.

35

130

37쪽

수학 어휘와 친해지자 1

날	씨	덥	다	춥	다	높	다
시	양	폭	풍	우	맑	음	흐
원	후	덥	지	근	장	마	림
많	가	뭄	태	적	다	서	리
다	해	일	풍	여	우	비	눈
파	도	소	나	기	함	높	뛰
바	눈	보	라	비	박	이	약
람	낮	다	싸	리	눈	봄	볕

더 재미있게 찾아요!
수학 어휘를 모두 찾았나요?
그러면 글자판에서 여러분이 아는 다른 낱말을 더 찾아 보세요!
누가 더 많이 찾나 함께 게임을 해도 좋아요.

37

39쪽

수학 어휘와 친해지자 1

공	기	놀	이	뺄	셈	식	고
제	규	칙	전	래	놀	이	무
기	실	뜨	기	덧	셈	식	줄
차	씨	름	수	비	석	치	기
기	투	딱	배	숨	바	꼭	질
크	다	지	열	널	뛰	기	고
꽃	따	기	표	망	줍	기	누
윷	놀	이	닭	싸	움	작	다

더 재미있게 찾아요!
수학 어휘를 모두 찾았나요?
그러면 글자판에서 여러분이 아는 다른 낱말을 더 찾아 보세요!
누가 더 많이 찾나 함께 게임을 해도 좋아요.

39

42쪽

2 수학 어휘를 만들어 보자
① 뒤죽박죽 글자로 수학 어휘 만들기

도전문제(1)

어휘를 바르게 고쳐 □ 안에 써 보세요.

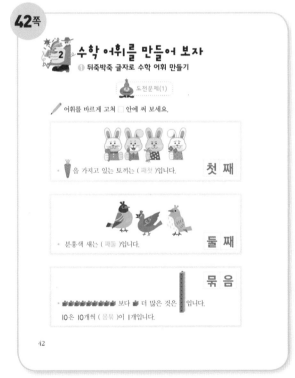

을 가지고 있는 토끼는 (패첫)입니다. **첫 째**

분홍색 새는 (패둘)입니다. **둘 째**

보다 더 많은 것은 입니다.
10은 10개씩 (음묶)이 1개입니다. **묶 음**

42

43쪽

수학 어휘를 만들어 보자 2
① 뒤죽박죽 글자로 수학 어휘 만들기

도전문제(2)

어휘를 바르게 고쳐 □ 안에 써 보세요.

17은 10개씩 묶음이 1개이고 (개낱)는 7개입니다. **낱 개**

30이라고 쓰고 (십삼)이라고 읽습니다. **삼 십**

40이라고 쓰고 (흔마)이라고 읽습니다. **마 흔**

43

수학 어휘를 만들어 보자
❶ 뒤죽박죽 글자로 수학 어휘 만들기

도전문제(3)

✏️ 어휘를 바르게 고쳐 □ 안에 써 보세요.

• 10개씩 묶음이 3개이고 낱개가 5개인 수는 (다른섯서)입니다. 서 른 다 섯

• 10개씩 묶음이 4개이고 낱개가 1개인 수는 (일십사)입니다. 사 십 일

• 10개씩 묶음이 5개이고 낱개가 6개인 수는 (육십오)입니다. 오 십 육

수학 어휘를 만들어 보자
❶ 뒤죽박죽 글자로 수학 어휘 만들기

도전문제(4)

✏️ 어휘를 바르게 고쳐 □ 안에 써 보세요.

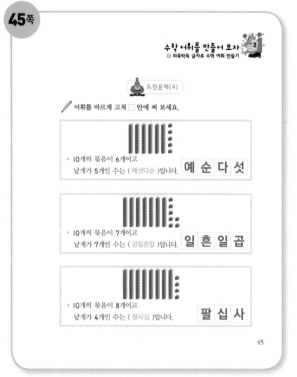

• 10개씩 묶음이 6개이고 낱개가 5개인 수는 (예섯다순)입니다. 예 순 다 섯

• 10개씩 묶음이 7개이고 낱개가 7개인 수는 (곱일흔일)입니다. 일 흔 일 곱

• 10개씩 묶음이 8개이고 낱개가 4개인 수는 (팔사십)입니다. 팔 십 사

수학 어휘를 만들어 보자
❶ 뒤죽박죽 글자로 수학 어휘 만들기

도전문제(5)

✏️ 어휘를 바르게 고쳐 □ 안에 써 보세요.

• 두 수를 하나의 수로 (기으모) 합니다. 모 으 기

• 하나의 수를 두 수로 (기가르) 합니다. 가 르 기

• 연필의 개수를 (자숫)로 쓰면 4입니다. 숫 자

수학 어휘를 만들어 보자
❶ 뒤죽박죽 글자로 수학 어휘 만들기

도전문제(6)

✏️ 어휘를 바르게 고쳐 □ 안에 써 보세요.

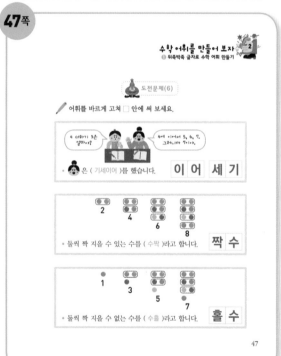

• 은 (기세이어)를 했습니다. 이 어 세 기

• 둘씩 짝을 지을 수 있는 수를 (수짝)라고 합니다. 짝 수

• 둘씩 짝을 지을 수 없는 수를 (수홀)라고 합니다. 홀 수

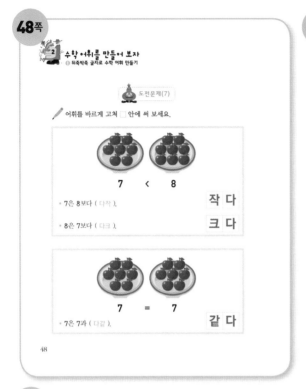

48쪽

수학 어휘를 만들어 보자
① 뒤죽박죽 글자로 수학 어휘 만들기

도전문제(7)

✏️ 어휘를 바르게 고쳐 ☐ 안에 써 보세요.

7 < 8

• 7은 8보다 (다작). **작 다**

• 8은 7보다 (다크). **크 다**

7 = 7

• 7은 7과 (다같). **같 다**

48

49쪽

수학 어휘를 만들어 보자
① 뒤죽박죽 글자로 수학 어휘 만들기

도전문제(8)

✏️ 어휘를 바르게 고쳐 ☐ 안에 써 보세요.

• ' + '는 (하기더)를 나타냅니다. **더 하 기**

• ' − '는 (기빼)를 나타냅니다. **빼 기**

• 7+2=9, 1+2=3, 5+3=8
이것은 (식셈덧)입니다. **덧 셈 식**

• 5−1=4, 4−2=2, 2−2=0
이것은 (셈뺄식)입니다. **뺄 셈 식**

• 5+5=10, 7−3=4
(산계)을 잘했습니다. **계 산**

49

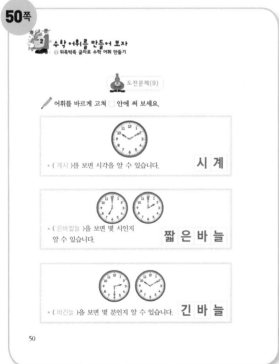

50쪽

수학 어휘를 만들어 보자
① 뒤죽박죽 글자로 수학 어휘 만들기

도전문제(9)

✏️ 어휘를 바르게 고쳐 ☐ 안에 써 보세요.

• (계시)를 보면 시각을 알 수 있습니다. **시 계**

• (은바늘짧)을 보면 몇 시인지
알 수 있습니다. **짧 은 바 늘**

• (바긴늘)을 보면 몇 분인지 알 수 있습니다. **긴 바 늘**

50

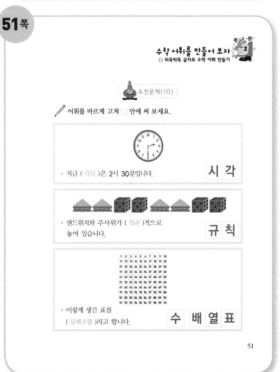

51쪽

수학 어휘를 만들어 보자
① 뒤죽박죽 글자로 수학 어휘 만들기

도전문제(10)

✏️ 어휘를 바르게 고쳐 ☐ 안에 써 보세요.

• 지금 (각시)은 2시 30분입니다. **시 각**

• 샌드위치와 주사위가 (칙규)적으로
놓여 있습니다. **규 칙**

• 이렇게 생긴 표를
(표배수열)라고 합니다. **수 배 열 표**

51

133

2 수학 어휘를 만들어 보자
① 뒤죽박죽 글자로 수학 어휘 만들기

🏅 도전문제(11)

✏️ 어휘를 바르게 고쳐 □ 안에 써 보세요.

• 어느 것이 더 긴지 (교비)해 볼까요?　　　**비 교**

• '길다', '짧다'는 (이길)를 비교하는 말입니다.　　**길 이**

• '무겁다', '가볍다'는 (게무)를 비교하는 말입니다.　**무 게**

• '넓다', '좁다'는 (이넓)를 비교하는 말입니다.　　**넓 이**

• '높다', '낮다'는 (이높)를 비교하는 말입니다.　　**높 이**

52

수학 어휘를 만들어 보자 2
① 뒤죽박죽 글자로 수학 어휘 만들기

🏅 도전문제(12)

✏️ 어휘를 바르게 고쳐 □ 안에 써 보세요.

• 길이를 비교할 때는 '길다' 또는 (다짧)라고 해요.　**짧 다**

• 무게를 비교할 때는 '무겁다'
또는 '(볍가다)라고 해요.　　**가 볍 다**

• 넓이를 비교할 때는 '(다넓)' 또는 '좁다라고 해요.　**넓 다**

• 높이를 비교할 때는 '높다' 또는 '(다낮)'라고 해요.　**낮 다**

53

2 수학 어휘를 만들어 보자
② 초성 보고 수학 어휘 만들기

🏅 도전문제(1)

✏️ 초성을 보고 □ 안에 알맞은 수학 어휘를 써 보세요.

• 첫째, 둘째, 셋째……는 ㅅㅅ 를 말할 때
사용합니다.　　　**순 서**

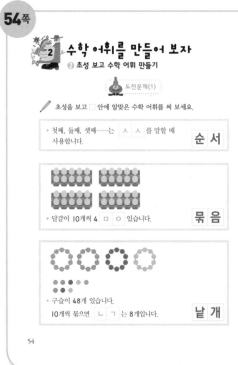

• 달걀이 10개씩 4 ㅁㅇ 있습니다.　　**묶 음**

• 구슬이 48개 있습니다.
10개씩 묶으면 ㄴㄱ 는 8개입니다.　　**낱 개**

54

수학 어휘를 만들어 보자 2
② 초성 보고 수학 어휘 만들기

🏅 도전문제(2)

✏️ 초성을 보고 □ 안에 알맞은 수학 어휘를 써 보세요.

3+4
• 이 식은 '3 ㄷㅎㄱ 4'라고 읽습니다.　**더 하 기**

5-2
• 이 식은 '5 ㅃㄱ 2'라고 읽습니다.　**빼 기**

13 = 13
• 이 식은 '13과 13은 ㄱㄷ.'라고 읽습니다.　**같 다**

90 > 70
• 이 식은 '90은 70보다 ㅋㄷ.'라고 읽습니다.
더 큰 쪽으로 벌어지는 모양입니다.　**크 다**

55

56쪽

수학 어휘를 만들어 보자
② 초성 보고 수학 어휘 만들기

도전문제(3)

✏ 초성을 보고 ☐ 안에 알맞은 수학 어휘를 써 보세요.

3+6=9
• ㅎ 이 9가 되는 덧셈식입니다.   **합**

7-5=2
• ㅊ 가 2가 되는 뺄셈식입니다.   **차**

9-2=7
• 9-2를 ㄱ ㅅ 하면 7이 됩니다.   **계 산**

5+2=7
• 이 식은 ㄷ ㅅ 입니다.
'5 더하기 2는 7과 같습니다.'라고 읽습니다.   **덧 셈 식**

56

57쪽

수학 어휘를 만들어 보자
② 초성 보고 수학 어휘 만들기

도전문제(4)

✏ 초성을 보고 ☐ 안에 알맞은 수학 어휘를 써 보세요.

• 10개씩 묶음이 10개 있으면 100이라고 쓰고
ㅂ 이라고 읽습니다.   **백**

• 10개씩 묶음이 2개이고 낱개가 5개이면 25라고 쓰고
ㅅ ㅁ ㄷ ㅅ 이라고 읽습니다.   **스 물 다 섯**

• 10개씩 묶음이 4개이고 낱개가 7개이면 47이라고 쓰고
ㅁ ㅎ ㅇ ㄱ 이라고 읽습니다.   **마 흔 일 곱**

• 10개씩 묶음이 9개이고 낱개가 3개이면 93이라고 쓰고
ㅇ ㅎ ㅅ 이라고 읽습니다.   **아 흔 셋**

57

58쪽

수학 어휘를 만들어 보자
② 초성 보고 수학 어휘 만들기

도전문제(5)

✏ 초성을 보고 ☐ 안에 알맞은 수학 어휘를 써 보세요.

2 8
10
• 2와 8을 ㅁ ㅇ ㄱ 했더니 10이 되었어요.   **모 으 기**

● ▲ ■ ★
• ●는 첫째이고 ★은 ㄴ ㅉ 입니다.   **넷 째**

하나, 둘,
셋.   ⚾ ⚽ 🏀
• 공이 몇 개인지 ㅅ ㄱ 를 하고 있습니다.   **세 기**

58

59쪽

수학 어휘를 만들어 보자
② 초성 보고 수학 어휘 만들기

도전문제(6)

✏ 초성을 보고 ☐ 안에 알맞은 수학 어휘를 써 보세요.

• 파란 컵에 들어 있는 물의 ㅇ 이 더 많습니다.   **양**

• '소가 양보다 더 ㅁ ㄱ ㄷ .'라고 합니다.   **무 겁 다**

• 그림책이 3 ㄱ 있습니다.   **권**

59

수학 어휘를 만들어 보자
② 초성 보고 수학 어휘 만들기

도전문제(7)

✏ 초성을 보고 □ 안에 알맞은 수학 어휘를 써 보세요.

• 시계를 보면 ㅅ ㄱ 을 알 수 있어요.　　시 각
• 지금은 7시 30 ㅂ 이에요.　　분

• 1시 30분에는 시계의 ㅉ ㅇ ㅂ ㄴ 이 시계의 1과 2의 가운데에 있습니다.　　짧 은 바 늘

• 3시가 되면 시계의 ㄱ ㅂ ㄴ 이 시계의 12를 가리킵니다.　　긴 바 늘

60

수학 어휘를 만들어 보자
② 초성 보고 수학 어휘 만들기

도전문제(8)

✏ 초성을 보고 □ 안에 알맞은 수학 어휘를 써 보세요.

• 리본의 ㄱ ㅇ 를 비교합니다. 빨간 리본이 더 깁니다.　　길 이

• 과일의 ㅁ ㄱ 를 비교합니다. 수박이 더 무겁습니다.　　무 게

• 쌓여 있는 책의 ㄴ ㅇ 를 비교합니다. 왼쪽이 더 높습니다.　　높 이

• 두 물건의 높이가 같습니다. 하지만 ㄴ ㅇ 는 다릅니다.　　넓 이

61

수학 어휘를 만들어 보자
② 초성 보고 수학 어휘 만들기

도전문제(9)

✏ 초성을 보고 □ 안에 알맞은 수학 어휘를 써 보세요.

• 그림을 보고 ㄱ ㅊ 을 찾을 수 있습니다.　　규 칙

30　40　50　60　70　80

• 10씩 커지는 ㅅ ㅅ 로 되어 있습니다.　　순 서

• 이것은 ㅅ ㅂ ㅇ ㅍ 입니다.　　수 배 열 표

62

수학 어휘를 만들어 보자
② 초성 보고 수학 어휘 만들기

도전문제(10)

✏ 초성을 보고 □ 안에 알맞은 수학 어휘를 써 보세요.

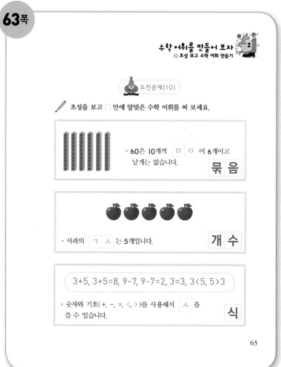

• 60은 10개씩 ㅁ ㅇ 이 6개이고 낱개는 없습니다.　　묶 음

• 사과의 ㄱ ㅅ 는 5개입니다.　　개 수

$3+5, 3+5=8, 9-7, 9-7=2, 3=3, 3<5, 5>3$

• 숫자와 기호(+, -, =, <, >)를 사용해서 ㅅ 을 쓸 수 있습니다.　　식

63

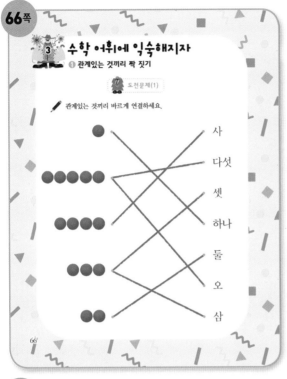

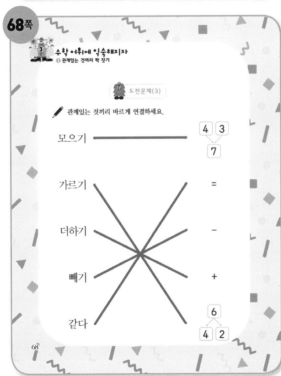

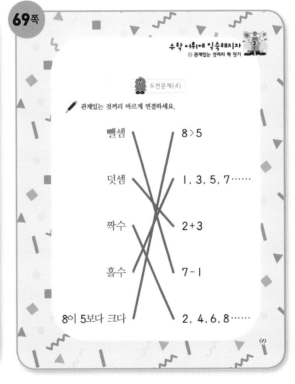

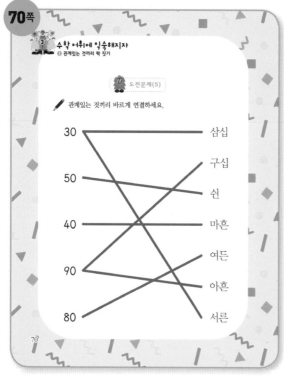

70쪽

수학 어휘에 익숙해지자
❸ 관계있는 것끼리 짝 짓기

도전문제(5)

✏ 관계있는 것끼리 바르게 연결하세요.

30	삼십
50	구십
40	쉰
90	마흔
80	여든
	아흔
	서른

70

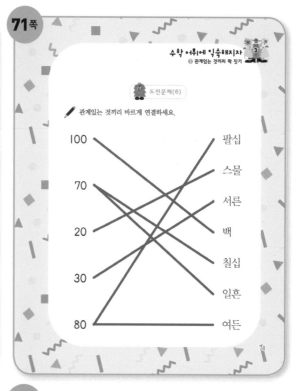

71쪽

수학 어휘에 익숙해지자 ❸
❸ 관계있는 것끼리 짝 짓기

도전문제(6)

✏ 관계있는 것끼리 바르게 연결하세요.

100	팔십
70	스물
20	서른
30	백
80	칠십
	일흔
	여든

71

72쪽

수학 어휘에 익숙해지자
❸ 관계있는 것끼리 짝 짓기

도전문제(7)

✏ 관계있는 것끼리 바르게 연결하세요.

10씩 2묶음

수 배열표   3 + 5

날개 2개

덧셈식   6 - 2

뺄셈식

72

73쪽

수학 어휘에 익숙해지자 ❸
❸ 관계있는 것끼리 짝 짓기

도전문제(8)

✏ 관계있는 것끼리 바르게 연결하세요.

7시   7:00

30분   가볍다, 무겁다

무게   00:30

높이   길다, 짧다

길이   높다, 낮다

73

138

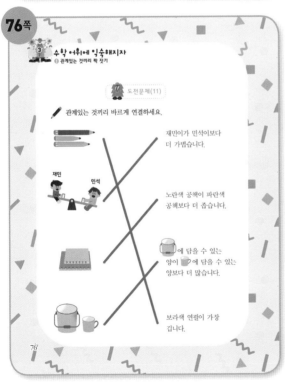

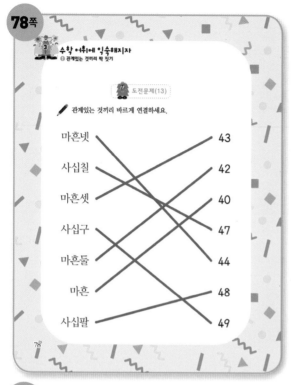

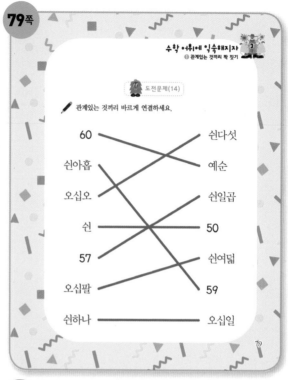

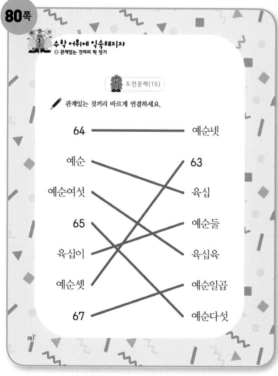

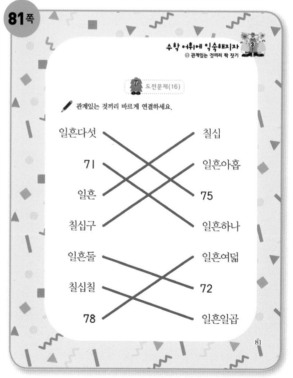

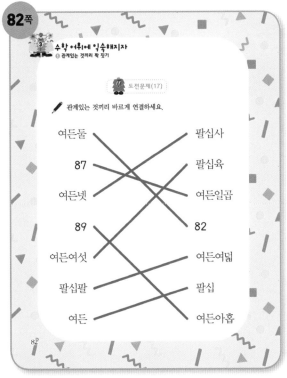

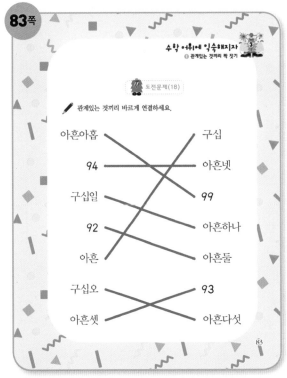

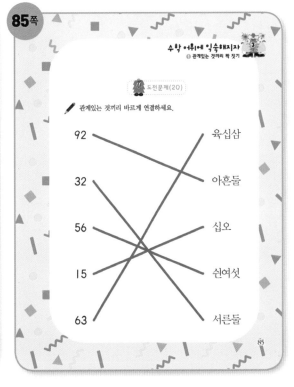

117쪽

가로세로 퍼즐로 수학 어휘를 꽉 잡자

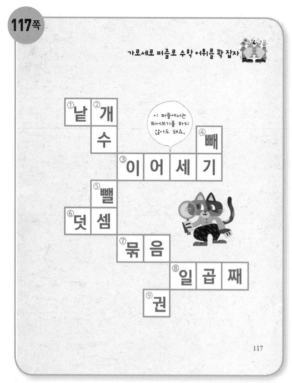

```
①낱 ②개 수
①수        ④빼
   ③이 어 세 기
      ⑤뺄
   ⑥덧 셈
      ⑦묶 음
         ⑧일 곱 째
            ⑨권
```

이 퍼즐에서는 띄어쓰기를 하지 않아도 돼요.

117

119쪽

가로세로 퍼즐로 수학 어휘를 꽉 잡자

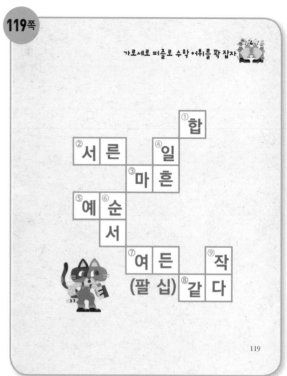

```
            ①합
②서 른   ④일
         ③마 흔
⑤예 ⑥순
      서
      ⑦여 든   ⑨작
      (팔십) ⑧같 다
```

119

121쪽

가로세로 퍼즐로 수학 어휘를 꽉 잡자

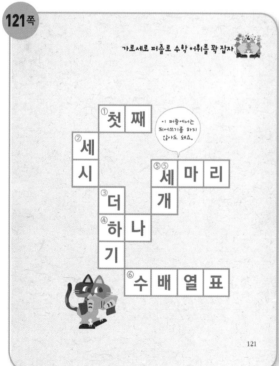

```
      ①첫 째
②세      ⑤세 마 리
   시  ③개
      ③더 개
      ④하 나
         기
         ⑥수 배 열 표
```

이 퍼즐에서는 띄어쓰기를 하지 않아도 돼요.

121

123쪽

가로세로 퍼즐로 수학 어휘를 꽉 잡자

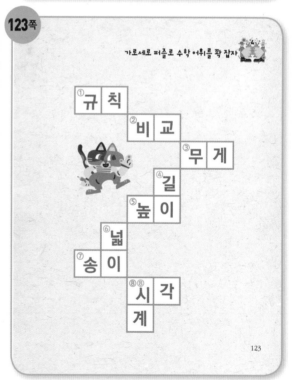

```
①규 칙
   ②비 교
      ③무 게
      ④길
      ⑤높 이
   ⑥넓
⑦송 이
   ⑧시 각
   계
```

123

142

125쪽

가로세로 퍼즐로 수학 어휘를 꽉 잡자

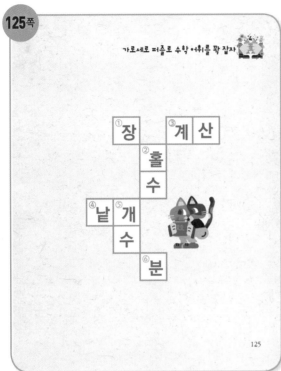

①장 ③계 산
②홀
수
④낱 ⑤개
수
⑥분

125

126쪽

종합문제

종합문제

□에 들어갈 답의 번호를 잘 골라서 ( ) 안에 쓰세요.

1. "하나, 둘, 셋……"은 □를 세는 말입니다. ────(3)
①더하기 ②순서 ④수 ④무게 ⑤시각

2. '첫째, 둘째, 셋째……'는 □를 말합니다. ────(1)
①순서 ②낱개 ③개수 ④이어 세기 ⑤짝수

3. 4와 5의 □은 9입니다. ────(2)
①아홉 ②합 ③규칙 ④뺄셈 ⑤시각

4. '9 - 2 = 7'은 □입니다. ────(4)
①덧셈 ②칠 ③이어 세기 ④뺄셈 ⑤무겁다

5. '2, 4, 6, 8'은 □입니다. ────(3)
①홀수 ②시계 ③짝수 ④무게 ⑤좁다

126

127쪽

종합문제

6. 57은 10개씩 묶음이 5개이고 □가 7개인 수입니다. ────(5)
①넓이 ②개수 ③짝수 ④길이 ⑤낱개

7. 오늘 친구와 만나기로 한 □은 6시입니다. ────(2)
①날 ②시각 ③식 ④분 ⑤바늘

8. 🕗 지금은 8 □입니다. ────(1)
①시 ②시각 ③시계 ④분 ⑤초

9. 축구공과 야구공의 크기를 □했습니다. ────(5)
①모으기 ②가르기 ③이어 세기 ④더하기 ⑤비교

10. 기차의 □는 자전거보다 더 깁니다. ────(3)
①무게 ②높이 ③길이 ④개수 ⑤차

어린이 여러분!
앞으로도 즐거운 마음으로 수학 어휘 공부를 열심히 하기 바랍니다.

127

1학년
수학
어휘
해설

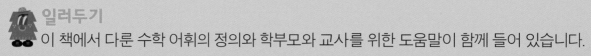
일러두기
이 책에서 다룬 수학 어휘의 정의와 학부모와 교사를 위한 도움말이 함께 들어 있습니다.

가르기

하나의 수를 두 수로 가르는 것

5		9		6	
1	4	1	8	3	3

'모으기'와 '가르기'는 수를 다른 수의 관점에서 보도록 하여, 이후 덧셈과 뺄셈에 도움이 됩니다. 특히 10 모으기와 가르기는 수를 '10의 관점'에서 보도록 하므로, 덧셈의 받아올림이나 뺄셈의 받아내림 원리를 이해하는 데 도움이 됩니다.

가볍다

무게가 어떤 기준보다 적다는 뜻으로, '무겁다'의 반대말

공 모양

, , 와 같이 생긴 모양

'공 모양'은 수학 어휘에 익숙하지 않은 초등학교 1학년 어린이들을 위해 수업 시간에 교사가 사용할 수 있습니다. '공 모양'은 비형식적 어휘입니다. 수학 어휘는 '구'이며 6학년에서 배우게 됩니다.

규칙

일정하게 반복되는 것

긴바늘

시계의 두 바늘 중 몇 분인지를 알려 주는 바늘

예 이 시계의 긴바늘은 6을 가리키고 있으며, 30분을 나타냅니다.

길다

길이가 어떤 기준보다 크다는 뜻으로, '짧다'의 반대말

길이

사물의 한쪽 끝에서 다른 한쪽 끝까지의 거리
길이를 비교하는 말로 '길다', '짧다'가 있습니다.

낮다

높이가 어떤 기준에 미치지 못한다는 뜻으로, '높다'의 반대말

낱개

사물을 몇 개씩 묶고 남은 수

예 23은 10개씩 묶음이 2개이고 낱개가 3개인 수입니다.

초등학교 1학년에서는 십진법을 가르치기 위해 10씩 묶습니다. 같은 수라도 몇 개씩 묶는가에 따라 낱개의 개수는 달라집니다. 예를 들어 12는 2개씩 묶으면 낱개가 없지만, 10개씩 묶으면 낱개가 2가 됩니다. 2학년이 되면 '23은 10이 2개, 1이 3개인 수'와 같이 표현하며, '묶음'과 '낱개'라는 어휘는 사용하지 않습니다.

148

넓다

넓이가 어떤 기준보다 크다는 뜻으로, '좁다'의 반대말

넓이

평평한 면의 크기를 나타내는 말
비교하는 말로 '넓다', '좁다'가 있습니다.

네모

와 같이 생긴 모양

'네모'는 비형식적으로 교실에서 사용하는 어휘입니다. 수학 어휘는 '사각형'이며, 2학년에서 배우게 됩니다.

높다

높이가 어떤 기준을 넘는다는 뜻으로, '낮다'의 반대말

높이

물건의 아래부터 위까지 길이 혹은 높은 정도를 뜻하며 비교하는 말은 '높다', '낮다'가 있습니다.

더하기

덧셈에서 사용하는 기호 '+'를 부르는 말

예 3+5는 '삼 더하기 오'라고 읽습니다.

덧셈

두 개 이상의 수나 식을 더하는 계산

동그라미

와 같이 생긴 모양

'동그라미'는 비형식적으로 교실에서 사용하는 어휘입니다. 수학 어휘는 '원'으로, 2학년에서 배우게 됩니다.

둥근 기둥 모양

와 같이 생긴 모양

'둥근 기둥 모양'은 비형식적으로 교실에서 사용하는 어휘입니다. 둥근 기둥 모양의 수학 어휘는 '원기둥'으로, 6학년에서 배우게 됩니다.

들이

그릇에 가득 담을 수 있는 양을 뜻하며 비교하는 말은 '많다', '적다'입니다.

'들이'는 그릇의 용적을 뜻합니다. 초등학교 1학년 교과서에서는 '담을 수 있는 양'으로만 제시되며, 공식적인 수학 어휘인 '들이'는 3학년에서 배우게 됩니다.

등호

수나 계산의 결과가 같다는 것을 나타내는 기호로 ' = '의 이름

1학년에서는 '='를 읽을 때 '~와 같다'로 읽습니다. 그러나 이 기호(=)가 '등호'라는 것은 아직 배우지 않습니다.

많다

양이 어떤 기준을 넘는다는 뜻으로, '적다'의 반대말

모양

네모, 세모, 동그라미 등과 같은 사물의 꼴

모양은 '도형'을 쉽게 일컫는 말입니다.

모으기

두 수를 하나로 모으는 것

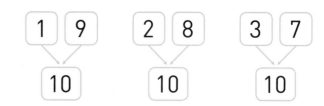

'가르기' 내용을 참고하세요.

무겁다

무게가 어떤 기준을 넘는다는 뜻으로, '가볍다'의 반대말

무게

무거운 정도를 뜻하며 비교하는 말은 '무겁다', '가볍다'입니다.

묶음

몇 개를 묶어 단위로 만든 것

10개   10개씩 묶음이 1개

1학년에서는 십진법의 기초를 배웁니다. 따라서 여러 가지 묶음 가운데 특히 10개씩 묶는 활동이 중요합니다. 학생들은 구체물이나 그림을 10개씩 묶어 보고, 묶음의 개수를 세어 보는 활동을 계속하면서 10씩 묶음이 곧 십의 자릿수임을 깨닫게 됩니다.

부등호

수나 계산 결과가 같지 않음을 나타내는 기호
어느 한쪽이 크거나 작음을 나타내는 기호(> 또는 <)입니다.

예 3 < 5 : '3은 5보다 작습니다.' 또는 '5는 3보다 큽니다.'로 읽습니다.
7 > 2 : '7은 2보다 큽니다.' 또는 '2는 7보다 작습니다.'로 읽습니다.

두 수나 양이 같음을 나타내는 기호는 등호(=)이며, 같지 않음을 나타내는 기호는 부등호(>, <)입니다. 초등학교 1학년에서는 부등호 기호를 배우지만 '부등호'란 어휘는 배우지 않습니다.

분

시계에서 긴바늘이 가리키는 시각

비교

둘 이상의 수나 양의 크기를 서로 견주는 것

초등학교 1학년에서는 '수'의 크기 비교, '사물'의 길이, 무게, 들이, 넓이, 높이 등을 서로 비교하는 것을 배웁니다.

빼기

뺄셈식에서 사용하는 기호로 ' - '를 부르는 말

뺄셈

덜어 내거나 비교를 할 때 사용하는 계산

예 7-2=5: ① 7에서 2를 덜어 내면 5가 됩니다.
② 7과 2의 차는 5입니다.

상자 모양

, , , 와 같이 생긴 모양

> '상자 모양'은 비형식적으로 1학년 교실에서 사용하는 어휘입니다. 수학 어휘는 '직육면체'이며, 5학년에서 배우게 됩니다.

세다

'하나, 둘, 셋……' 등과 같이 수를 헤아리는 것

세모

, , , 와 같이 생긴 모양

> '세모'는 비형식적으로 1학년 교실에서 사용하는 어휘입니다. 수학 어휘는 '삼각형'이며, 2학년에서 배우게 됩니다.

수

세거나 헤아린 양의 크기를 뜻하며 자연수, 분수, 소수 등이 있습니다.

초등학교 1학년과 2학년에서 다루는 수는 0과 자연수입니다. 분수와 소수는 3학년에서 배우게 됩니다.

수 배열표

수를 표 모양으로 배열한 것

1	2	3	4	5	6	7	8	9	10
11	12	13	14	15	16	17	18	19	20
21	22	23	24	25	26	27	28	29	30
31	32	33	34	35	36	37	38	39	40
41	42	43	44	45	46	47	48	49	50

50표

1	2	3	4	5	6	7	8	9	10
11	12	13	14	15	16	17	18	19	20
21	22	23	24	25	26	27	28	29	30
31	32	33	34	35	36	37	38	39	40
41	42	43	44	45	46	47	48	49	50
51	52	53	54	55	56	57	58	59	60
61	62	63	64	65	66	67	68	69	70
71	72	73	74	75	76	77	78	79	80
81	82	83	84	85	86	87	88	89	90
91	92	93	94	95	96	97	98	99	100

100표

순서

어떤 기준에서 시작한 차례

첫째, 둘째, 셋째 등과 같은 말로 나타낼 수 있습니다.

숫자

수를 나타낸 기호

수는 눈에 보이지 않는 추상적인 개념입니다. 그래서 기호인 숫자를 사용해 수를 나타냅니다. 예를 들어 아라비아 숫자 3과 로마 숫자 Ⅲ은 생긴 모양은 다르지만 둘 다 같은 수를 나타내는 기호입니다. 초등학생들이 수와 숫자를 구분하는 것은 어려우므로 그 차이를 의도적으로 지도할 필요는 없습니다.

시

시계에서 짧은바늘이 가리키는 시각

시각

시간의 흐름에서 어느 한 때, 혹은 한 순간

시계

시각을 알려 주는 물건

아날로그 시계   디지털 시계

식

숫자와 기호를 사용하여 관계를 나타낸 것

예 3+5, 3+5=8, 9-7, 9-7=2, 3=3, 3<5, 5>3

양

세거나 잴 수 있는 정도

예 시간, 길이, 무게, 높이, 들이, 넓이, 부피 등은 모두 측정할 수 있으며, 측정 결과를 양으로 나타낼 수 있습니다.

이어 세기

두 수의 합을 구할 때 한 수를 고정하고 이어서 다른 수만큼 세어 나가는 방법

예 9+3의 합을 구할 때, 9를 고정하고 이어서 '10, 11, 12'와 같은 식으로 이어 세기를 하면 합이 12임을 알아낼 수 있습니다.

적다

양이 어떤 기준에 미치지 못한다는 뜻으로, '많다'의 반대말

좁다

넓이가 어떤 기준에 미치지 못한다는 뜻으로, '넓다'의 반대말

짝수

2, 4, 6, 8, 10⋯⋯ 과 같은 수

2
4
6
8

짧다

길이가 어떤 기준에 미치지 못한다는 뜻으로, '길다'의 반대말

짧은바늘

시계의 두 바늘 중 몇 시인지를 알려 주는 바늘

예 이 시계의 짧은바늘은 2와 3 사이에 있으며,
이것은 2시 30분을 나타냅니다.

차

뺄셈의 결과

예 7 − 3 = 4('7과 3의 차는 4이다.')

합

덧셈의 결과

예 4+3=7 ('4와 3의 합은 7이다.')

홀수

l, 3, 5, 7, 9 ······ 와 같은 수

1   👟

3   👟 👟

5   👟 👟 👟

7   👟 👟 👟 👟